你以为的人生意义
就是人生的意义吗?

[英]朱利安·巴吉尼———著

吴奕俊———译

中信出版集团｜北京

图书在版编目（CIP）数据

你以为的人生意义就是人生的意义吗？／(英)朱利安·巴吉尼著；吴奕俊译 . -- 北京：中信出版社，2022.1

书名原文：What's it all about? Philosophy and the Meaning of Life

ISBN 978-7-5217-3611-3

Ⅰ.①你⋯ Ⅱ.①朱⋯ ②吴⋯ Ⅲ.①人生哲学-通俗读物 Ⅳ.① B821-49

中国版本图书馆 CIP 数据核字 (2021) 第 198411 号

What's It All About?: Philosophy and the Meaning of Life by Julian Baggini
Originally published in English by Granta Publications under the title What's It All About?: Philosophy and the Meaning of Life
Copyright © Julian Baggini, 2004
Julian Baggini asserts the moral right to be identified as the author of this book
Simplified Chinese translation copyright © 2022 by CITIC Press Corporation
ALL RIGHTS RESERVED
本书仅限中国大陆地区发行销售

你以为的人生意义就是人生的意义吗？
著者：　　［英］朱利安·巴吉尼
译者：　　吴奕俊
出版发行：中信出版集团股份有限公司
（北京市朝阳区惠新东街甲 4 号富盛大厦 2 座　邮编　100029）
承印者：　北京诚信伟业印刷有限公司

开本：880mm×1200mm　1/32　印张：7.75　字数：180 千字
版次：2022 年 1 月第 1 版　印次：2022 年 1 月第 1 次印刷
京权图字：01-2020-2937　书号：ISBN 978-7-5217-3611-3
定价：59.00 元

版权所有·侵权必究
如有印刷、装订问题，本公司负责调换。
服务热线：400-600-8099
投稿邮箱：author@citicpub.com

目录

导　语 ……… V
引　言 ……… XIII

1　寻找蓝图

我们为什么存于世？ ……… 003
人类生命在宇宙中是微不足道的 ……… 004
萨特的裁纸刀 ……… 008
亚当令人困惑的目的 ……… 012
圣诞老人与弗兰肯斯坦 ……… 018

2　生活的未来

混乱中的秩序 ……… 025
论证时间 ……… 028
目的满足后，就没必要继续活下去了吗？ ……… 030
甜蜜的生活 ……… 035
人生是复杂的 ……… 041

3　天地之间不止万物

我们信仰神吗？ ……047
信仰的风险 ……050
这不是我 ……054
来世 ……056
艰难的超验之路 ……060

4　帮助他人

帮助他人？ ……067
帮助他人就是帮助自己 ……069
真理的萌芽 ……078

5　为了更伟大的利益

为了物种的利益 ……083
没有所谓的全人类 ……085
人类整体先于众多个体的人 ……088
超越 ……092
当蚂蚁的乐趣 ……094
更多真理的萌芽 ……097

6 只要你幸福

人人都想要幸福 ……101
这是我们拥有的最棒的礼物？ ……102
心满意足的猪 ……105
虚拟的幸福 ……109
如果你追求幸福，那便永远也找不到它 ……113

7 成为奋斗者

成为奋斗者 ……121
剖析成功 ……122
成功的失败 ……124
真正的成功 ……130
你自由吗？ ……133
提升你自己 ……136

8 及时行乐，活在当下

活在当下 ……143
开始狂欢 ……146
欢愉的原则 ……152
如何把握今天 ……158

9 释放自我

没有自我 ……164
自私地失去自我 ……169
限制你的心灵 ……173
"我"的回归 ……179

10 无意义的威胁

无意义的意义 ……184
与事实不相关的论点 ……189
未经审视的人生 ……192

11 理性对此一无所知

有意义的邪恶 ……202
保持神秘 ……205
你只需要爱？……208

结论

巨蟒剧团的生命意义 ……215

参考文献 ……219

导语

行动让生命有意义

我们不少人读哲学，是因为对生活产生了困惑，随着所读哲学越来越多，我们似乎忘记了当初的困惑，一头扎进文献里。不管是当代的分析哲学、伦理学，还是古代哲学、科技哲学，都成了一门专业的学问。我们注重清晰的定义、概念分析和逻辑论证，对每个观念进行辩护或加以反驳。我们思考的问题越来越深，越来越细。惊回首，你当前思考的东西还是一开始你困惑的东西吗？《你以为的人生意义就是人生的意义吗？》这本书把我们带回原始的大地、真实的生活。市面上探讨人生意义的哲学普及读物不外乎两种：一种是接近专业的学术讨论著作，从对"意义"的语言分析开始。另一种则是接近大众的励志读物，书中充斥着各种精彩的人生故事。前者失之于专，后者失之于浅。你将读到的这本书在专业著作和大众读物之间建立了一座桥梁。在这本书里，你会看到很多有意思的案例、故事、电影等。作者不仅限于举例，而是从故事入手，系统地分析论理，即以事论理，理在事中矣。

生命的意义可以算是一个最基本、最重要，又最容易被哲学学者忽视的问题。任何问题问到最后，都必然问到生命的意义。人天生好奇，爱追问为什么。今天看来，问为什么有两个维度。如果注意到人类的追问能力和背后的推理机制，我们就会得出人的基本能力是因果推断这一结论。程广云教授在一次访谈中谈到什么是哲学问题时也提到了这一点，他说，追问为什么到最后就是哲学问题。比较一下这两类为什么，对我们理解人工智能很有帮助，真正接近人类智能的人工智能不仅能够像人一样进行因果推断，还能够回答这种关于为什么的对生命意义的终极追问。

哲学家可以做出自己的专业贡献，但要让人生富有意义，就不能只做个哲学家。休谟说："做个哲学家吧。但在你全部的哲学之中，还是要做一个人。"探究生命的意义这一哲学问题也许是作为一个人的哲学家所做的最有意义的一种探究。在本书中，作者大致分两个部分来讨论生命的意义：首先，介绍生命的起源，以此让人理解生命的意义；其次，作者考虑了若干让生命有意义的方式，以此让人思考生命的意义。关于生命从何而来大致有两种解释：一种是创世说，认为上帝创造了一切，包括生命；另一种是自然科学解释，认为人类的生命是经过亿万年的演化而来的。于国人而言，接受生命是演化而来的这一解释几乎不言而喻，但稍加思考，我们就会遇到托尔斯泰在《忏悔录》

中发出的质疑：

> 知识领域里对我的生活意义问题的回答总是：你就是你称为你的生命的那个东西，你是一些微粒的暂时的、偶然的聚合物。这些微粒的相互关系和变化，在你身上产生了你称为生命的东西。这个堆积体将会持续一段时间，然后微粒的相互关系将会消失，你称为生命的东西和你的所有问题将会了结……
>
> 然而，这个答案不是对问题的回答。我需要知道我生命的意义，但它是一个巨大的粒子这个事实，不仅不给予它意义，而且还摧毁任何可能的意义。

托尔斯泰的质疑在今天看来就是对持有物理主义世界观的人的质疑。物理主义者如何理解生命的意义？是的，一切事物在基本层面都是物理的。今天的我们难以接受灵魂转世、永生、上帝这样一些宗教观念。由于科学取得了巨大成功，科学观念深入人心，我们不再接受超自然的事物，而是化超越为内在，把神性、宗教性、精神性的元素凝聚在人类精神之中，这似乎就是人类和其他万物的不同。庄子说："自其同者视之，万物皆一也。"从物理的视角看，天地万物莫非物理。庄子还有一句："自其异者视之，肝胆楚越也。"如果要深入理解人类的精神世界，我们就要注意到不同的物理事物之间的性质差异，与其他物理事物相比，我们人类拥有突出的能力，能够认识事物，能够创造价值。不仅如此，我们还能认识到，人类的认识和创造能力本身乃是自然过程的产物。由于这些能力大多产生在人类感知周遭世界的层次上，并非物理科学所关心，因此物理科学对种种日常感知现象的解释就无能为力了。所谓万物具有某种精神性，这并非时下的泛心论。天地万物乃至那些微小的不可见的粒子，都因人类的认知而变得有意义。物理学也是人类认识世界的工具。生命的意义不能从它是巨大的粒子这一事实中得到彰显。毫无疑问，生命建立在巨大的粒子集的基础上，生命一旦成为生命，就有了自主性。生命的意义，就需要在生命的同一层次上得到解释。不管生命为上帝所造，抑或由自然演化而来，只要是一个生命，其就要在世界上有所作为。

正是行动塑造了生命的意义。人类可以采取很多办法赋予生命意义，例如帮助他人、追求崇高、寻求幸福、保持快乐、获得成功、活在当下、解放心灵，将每一天当成人生的最后一天来享受，乃至认识生命本身的无意义，等等。作者列出了一个个塑造生命意义的主张，并引用大量的故事，结合分析论证帮助我们思考人生的意义。帮助他人当然是一件有意义的事，不管是舍身饲虎的高僧大德，还是一辈子做好事的雷锋，他们的人生都充满意义，也让我们感受到了意义。当然，帮助他人不是唯一提升生命意义的方式。甚至对某个特定的人来说，他也不能仅仅靠帮助他人获得生命的意义。生命不应顾此失彼，在帮助他人的同时，一个人自己也可以寻求幸福或保持快乐。只有拥有丰富多彩的个人生活，帮助他人这种利他主义行为才会变得富有意义。一个绝对的利他主义者，也许是石黑一雄笔下的克拉拉，它被程序设定为利他主义的机器人。如果生活中没有偶然、没有可能也没有结束，我们似乎就不会再那样看待生命的意义。幸好小说中的克拉拉并非永生，而是被遗弃在机器人垃圾场了。生命之短暂，为生命赋予了意义，要是克拉拉会永远存活，那么石黑一雄的这部小说就没有必要写了。如果是这样，人类的自私和冷漠就会因为克拉拉的永生而显得微不足道。我想，读者大概明白我的意思，活得更久不能为生命带来更多意义。阿尔贝·加缪在《鼠疫》一书中写道："世界的秩序是由死亡塑造的。"

书中谈到著名伦理学家伯纳德·威廉姆斯对人生有限性的理解，在《马克罗普洛斯案件》中，威廉姆斯指出，活得太久可能会让人感到"无聊、漠不关心、冷淡"。故事以一个靠某种永生血清活到342岁的女人为中心展开。这个女人最终决定停止使用永生血清。发现真相的人尊重她的意见，并且烧掉了血清的配方。威廉姆斯阐释了这部戏剧的寓意，即人类不适合永生，有限性塑造意义。可是另一方面，我们也看到，人类的寿命在不断延长，医疗技术及生物制药技术的迅猛发展，使器官移植、延缓衰老、基因保存、脑机相接乃至意识上传成为可能，人类在不断挑战有限性的边界。如果人类的生物生命可以得到巨大的改变，海德格尔所谓有限性的"此之在""向死而生"就会受到巨大的挑战。据说2021年是元宇宙元年，虚拟现实业已发展到非常成熟的阶段了。我们人类已不再仅仅是赤手空拳的人类，种种高新技术增强了人类生命的各个方面——从头到脚；我们的世界也不再仅限于自然世界，VR（虚拟现实）、AR（增强现实）、XR（扩展现实）在不断扩充虚拟世界的地盘。这一切都将重塑我们对生命意义的理解。

作者坦言，他在"本书中详细地介绍了能够弄清楚人生意义这个问题的各种哲学式思考"。但是"这个问题没有最终的答案"。各种让生命有意义的方式，并不存在一种比另一种更好、更有价值，一种比另一种更正确的标准，因为并不存在一个更高的视角来评判人们各自的选择。哲学家诺齐克曾提出著名的经验机器思想实验：想象有一台机器，一旦你进入机器就能得到各种虚拟的真实体验。这台机器可以让你体会最美妙的感觉，但是你一旦进去就不能再出来。请问你愿意进入这样一台经验机器吗？大部分人的选择是不进入。但是，作者提醒我们："不过，我们应当小心现在不要犯错，把追求真实的愿望当作生命中凌驾于一切事物之上的至高价值。比如，如果另一个选择是在'真实'世界里受到永无止境的折磨，那么我们可能会选择进入虚拟现实机器。如果食物和住处这种最基本的需要都没有得到满足，这些渴望肯定就没有那么重要了。挨饿的人不会把'书写自己的命运'当成优先事项，而是想要面包。"现实世界中的人们虽然憧憬远方和梦想，但要紧的是有一个不算坏的选择，安稳度过当下。

阅读此书未必能提升你生命的意义。生命的意义来自行动。

不过，这种思考至少会让你明白，你的行动和你的禀赋、兴趣、意志、机缘乃至梦想彼此交织。你的行动就是生命的展开，意义因此而彰显。读完这本书，最好的回应方式就是去行动。

梅剑华　2021/12/28　晚

引言

"你是 T. S. 艾略特。"这位著名的诗人刚上车,出租车司机就对他说道。艾略特问司机是怎么认出他的。"哈,我很会看名人的,"他说,"有一天晚上伯特兰·罗素坐我的车,我问他:'啊,罗素爵士,生命到底是怎么样的?'你懂的,他竟然没法回答我。"

在这个真实的故事里,谁是可笑的人?是伟大的哲学家罗素吗?他的聪明才智众人皆知,却无法回答出租车司机的问题?的确,谁能告诉我们:生命到底是怎么样的?罗素这位当时最伟大的哲学家应该是能回答的吧。那个想在这么短的时间里听到这一高深问题答案的出租车司机能回答吗?就算罗素知道答案,解释宇宙的奥秘不也是需要时间和耐心的吗?

或许最好的答案是出租车司机和罗素都不可笑。罗素当然不可笑,要是在十分钟内就能很好地回答这个问题,早就有人公开说出答案了,出租车司机也就不需要再问这个问题。但我们也不应该因为出租车司机不知道答案就觉得他可笑。他问的这个问题是几乎所有人在一生之中都会问的。

可是这是个模糊而笼统的问题。与其说是一个问题，倒不如说是一堆问题的集合：我们为什么在这里？生命的目的是什么？只要快乐就够了吗？我们的生命是不是为了某个更伟大的目的？我们来到这个世上是为了帮助他人，还是只为了满足自己？生命的意义究竟是什么？

为了回答这些问题，我觉得我们应该进行一次理性而世俗化的探讨。我说"世俗化"不是指"无神论"。我只是想说我们的论证不能来自任何想象出来的或宗教揭示的真理、教条或圣书经文。论证必须要诉诸所有人都能理解和评价的理由、证据和论证，而不考虑是否有宗教信仰。这是因为即便对很多信徒来说，现有的宗教权威也不能被视为绝对。我们知道，世界上的宗教信仰非常多，形成每一种宗教的教义和经文的历史事件与力量各不相同，这些宗教的领袖也可能犯错，所以宗教领袖们掌握绝对真理这个观念不可信。无论是否受到神的启示，我们都能很清楚地看到人的因素。这表示即便我们确实相信宗教，也不能毫不存疑地接受相关教义。我们都必须用自己的智慧判断来自宗教的答案是否说得通。因为大多数人都会在某个阶段忍不住思考生命究竟是什么，我们没法一直逃避这个哲学问题。

这个主题可能看起来很艰深，甚至就这个主题写书都显得狂妄自大。如果我说"生命的意义"是一种只有少数人经过沉思、启示或终其一生的思索才能发现答案的秘密，那确实可以指责我狂妄。这样的承诺暗示生命的意义就像一种知识，一旦发现，就能解开生命的所有奥秘，解释一切事情。因为我们中的绝大多数人显然是不知道这个大秘密的,因此特别聪明的人才能发现它。

我认为这是臆想,也希望大部分读者都这么觉得。如果真的存在这种大秘密,那么它早就广为人知了。无法回答生命的意义这个问题,并不是因为我们缺少能让我们理解生命意义的某种秘密信息,而是因为这是一个无法通过发现任何新证据来解答的问题。思考一些鲜有人注意到证据的问题,反而能解答它。我希望接下来的讨论能够阐明这一点。

因此,我将这本书对生命意义的解释描述为"紧缩的"。在这种"紧缩的"语境中,这个具有神话性质的、单一而又神秘的关于"生命的意义"的问题被细分为一系列关于生命中各种意义的问题。这些问题更小,并完全脱离神话。这种方式让我们看到生命的意义这个问题比一般认为的少了点儿什么但又多了点儿什么:说它少了点儿什么是因为这个问题并非大多数人无法理解的大秘密;说它多了点儿什么是因为它不是一个问题,而是由许多问题组成的。

这些问题我之所以可以回答,并不是因为我有着非凡的智慧,只是因为我将历史上伟人们的智慧进行了融会贯通。不过,在选择和介绍他们的观点时,我必然会带上我的观点,而非毫无感情地罗列哲学家们说了什么。这是我个人的观点,不过我希望大多数哲学家都能认同。

任何开始寻找生命意义的人都应该警惕道格拉斯·亚当斯在《银河系漫游指南》中的警告。在这部小说中,某个种族厌倦了无休止地争论生命意义的问题，决定造一台超级计算机回答这个问题。这台名为"深思"的计算机，花了750万年找到了"生命、宇宙和一切"这个问题的答案。结果，在放出答案的当天，"深思""庄重而平静"地给出了它的最终答案：42。

问题是，这台超级计算机的设计者要求计算机回答"关于生命、宇宙和一切"这个问题时，并没有花时间去思考他们自己是否明白这个问题到底问了什么。现在他们有了答案，但却无法理解，因为他们不知道这个答案回答了什么问题。问对问题与给出正确答案都很重要。

生命的意义这个问题永远都没有最终的答案，部分原因在于，每个人都问对问题、找到满意的答案之后才会满意。对于意义的追寻基本上是个人的事情。就算对这一问题的追寻有迹可循，本书也无法像给地图标出你要找的东西的位置一样回答你的问题。但本书可以提供一些导航工具，帮助你追寻这个问题。怎么使用这些工具，使用它们的效果如何都得由你自己来判断。

1

寻找蓝图

> 对千百万人来说,这一生是烦恼的尘世,坐着百无聊赖,实在无话可说。而科学家说我们只是由自我复制的DNA组成的简单螺旋产生的结果。
> ——蒙提·派森《人生七部曲》

我们为什么存于世？

"我是谁？我是什么？我从哪儿来？我要去哪儿？这些问题反复出现，然而我却无法回答。"

任何能自省的生物几乎总会在某个时刻问出此类问题，却往往找不到令人满意的答案。不过，下面这个例子中的提问者的处境有些不同。他是由玛丽·雪莱笔下哥特式寓言中的人物维克多·弗兰肯斯坦博士创造的。这个生物与人类不同，它要找到有关自己起源的真相以及自己被创造出来的原因。那这是否意味着这个生物发现了自己生命的意义？如果我们对人类的起源有更多了解，是否就能够发现我们生命的意义？

我们先把弗兰肯斯坦的故事放到一边。我在引言中就说过，如果想要找到正确答案，我们先要清楚地理解问题。"生命究竟是什么？"可以被理解成"我们为什么活着？"。但这个问题本身也是模棱两可的，因此它会得到两种不同的回答。一种回答解释了我们活着的"原因"，其侧重的是过去，解释了我们的起源；另一种回答解释了我们活着的"目的"，这个回答侧重未来，解释了我们的目的。按照亚里士多德的说法，第一种解释与动力因有关，而第二种解释则与终极因有关（此处的"因"与现代意义上的因果关系无关）。以我的晚餐为例，我在厨房下厨是动力因，吃晚餐是终极因。

有时这两种答案相互契合，也就是说，导致某物存在的故事也是它未来目的的故事。例如，路被修建的原因也是这条路未来的目的，即让车通行。但这两种答案并不需要相互关联。想想人类采摘野莓果的例子。野莓果起源的故事，即其是如何进化出来的，讲的并不是野莓果满足了吃掉野莓果的人类，除非我们说神创造野莓果是为了让我们吃掉它。我不赞同这种答案，我很快会解释我的理由。现在我们只需要注意一件事：不能认为回答了某物起源的问题我们就知道这个东西未来或现在的目的。

因此，我会在本章集中讨论人类生命起源的问题和什么（如果有的话）能告诉我们生命的意义。关于未来或当前目的的问题是下一章的主题。

人类生命在宇宙中是微不足道的

在某种程度上，人类生命的起源并非真的有什么特别神秘之处。两种彼此竞争的主要理论都留下了许多有待解释的细节，但也提供了充分的框架，让我们能够思考这两种理论对生命意义的含义。这两种理论分别是创世论与自然主义论。

创世论认为人类生命的创始者是某种超自然力量，这股力量带着某种有意识的目的创造了人类。自然主义论认为，人类生命的出现只是某个盲目过程的一部分，不是任何智能设计的产物。还有一些混杂两种观点的理论。比如，有的理论将造物主看作自然界本身不可分离的一部分，而不是在自然之外施加影响的某种超自然力量。但即便是这些混合理论，也可以依据它们是将生命起源视为有意为之的结果（创世论），还是无特定目的的自然过程（自然主义论）——按照我们当前的目的将它们归为创世论或自然主义论。

先看看自然主义论。关于人类生命的起源，现在有一个标准版本的自然主义论说法。虽然很多细节还存在争议，但科学家在大致的框架内已有共识。这个理论以150亿年前的宇宙大爆炸为研究起点，然后经过100亿年，太阳形成，到了相对较近的时期，原始的单细胞生物出现，单细胞生物经过进化达到顶峰——从我们的角度来看——60万年前出现"智人"。那要怎样才能把神放进这个大背景之中呢？科学家通常认同法国科学家拉普拉斯的话，拿破仑问他类似的问题时，他说："我不需要做那个假设。"

当你看到支持这一理论的证据来自宇宙学、理论物理学、天文学、生物学及生物化学等不同学科时，你就会发现这一理

寻找蓝图　　005

论是能够自洽的。证明自然主义论基本上真实可信的证据几乎是无可辩驳的。不过，我的重点不是强调这个说法是千真万确的，而是建议人们思考，如果这个理论是正确的，那么会对生命的意义有什么影响。很多人觉得这种影响相当令人困扰。

如果自然主义论是正确的，那么生命就只是自然界中毫无意义的意外。如果生命还是有某种意义，那就只与宇宙自身命运宏大的变化有关，与人类并不相干。就像罗素说的："宇宙或许有目的，但即便如此，在我们所知的范围内，没有任何证据显示宇宙的目的与人类的目的有任何相似之处。"

比如，想想理查德·道金斯在《自私的基因》一书中描述的人类演化。根据道金斯的说法，自然选择在基因层面发生，而非整个生物或物种的层面。这意味着生物个体（包括人类在内）都是"生存机器"，是根据DNA编码的指示制造的，其"目的"是确保基因的延续，而不是生物本身的生存。从生物学的角度看，人类个体的生命不是最重要的，真正重要的是人类身体中的基因能够传递并生存下来。

我得把"目的"两个字加上引号，因为我们不能说基因或生物体有一般意义上的目的。这是因为基因不是为了实现某种目的而设计的，它们也不存在有意识或无意识的欲望或目标，基因唯一的目的是继续存在。基因首先存在于携带它们的生物体中，然后存在于更大的环境中，后者有助于基因的存活。但是，从定义上来说，真正生存下来的基因具有适于自身生存的特性，所以会给人造成一种这些特性就是为了确保它们生存的错觉。但这些目的并不是被设计出来的或预先给定的，就像道金斯不认为他书里"自私的"基因真的像字面意思那样是以自我为中心且自私自利的。

那么这一切对人类个体或者是"智人"这个物种有什么启示？从最好的角度来看，如果我们真的是为了某个目的而存在，那就是延续我们的基因。从最糟糕的角度来看，我们无法奢谈目的或意义，因为随机突变以及复制的过程并没有作为终极结果的目的或目标。蒙提·派森就唱道："我们只是由自我复制的DNA组成的简单螺旋产生的结果。"

整体上来说，自然主义论激起了类似的反应，我们再看看罗素的话：

> 在肉眼可见的世界中，银河仅仅是一小片碎片。在这个小碎片里，太阳系只是一个无限小的斑点，而地球在这个斑点里是微乎其微的一个小点。在这个小点上，有无数混合了碳和水，有着复杂结构，物理和化学性质不同寻常的小东西。这些东西爬行一段时间后，再分解为原本组成它们的元素。

这个观点清楚地表明，人类的生命是没有目的、毫不重要的意外事件。

萨特的裁纸刀

这个结论往往与19世纪末20世纪初的存在主义哲学家联系在一起。对这些哲学家主要作品的大概解读能为前述解释提供支持。弗里德里希·尼采称自己是"欧洲第一位彻底的虚无主义者",阿尔贝·加缪最著名的观点是"生命是荒谬的",让-保罗·萨特也说过自己"苦恼、被遗弃与绝望"。随着超自然的部分被从现代的世界观中剔除,所有意义也都被剥离出宇宙,而生命就变得没有任何目的。

但就算我们将自身局限于存在主义的经典文献内,前景也并非像这些刻板的说辞所指的那样黯淡。比如,想想萨特的《存在主义是一种人道主义》,此文最初是以解释存在主义基本信条的公开演讲的形式出现的。萨特在该文中确实谈到了苦恼、被遗弃与绝望,但他也说:"存在主义是乐观的。"苛刻的读者可能会认为这证明了萨特的自相矛盾,但更敏锐的人则会将其视为一种警告,要人们避免从字面上理解某些更激进的存在主义口号。

将"存在主义者"对生命意义的看法一概而论会造成误导,因为那些被视为存在主义者的思想家各自的信念非常不同。最让人惊讶的是,虽然许多著名的存在主义者是无神论者——包括萨特、尼采和加缪——但也有信仰宗教的存在主义者,例如索伦·克尔恺郭尔、加布里埃尔·马塞尔和卡尔·巴特。

尽管如此,无神论存在主义者们确实存在共同之处,这与我们对自然主义的讨论存在着重要关联。他们都认为,"不存在神"这一"发现"危及了人类生命的意义。原因是我们认为目的和道德来源于我们身外的某些东西。当这一假设被推翻时,我们也就失去了生命意义的来源。

萨特用裁纸刀进行类比来解释这个问题。裁纸刀有一个确定的"本质",即它实际上是某个人为了实现特定的功能而创造的。相比之下,像燧石这样尖锐的物体即便可以用来切割纸张,也是没有本质的。可以说,人类恰好为燧石找到了用途。

萨特的观点是:我们认为自己就像裁纸刀,而不像燧石。我们认为自己具有某种根本的性质,因为神创造我们是为了某种特定的目的。但如果神并不存在,而自然主义的解释又是对的,那么这个设想就错了。我们就像燧石,只是"存在"而已。我们也许能为自己或别人找到用途,但是这些目的并非源自我们的本质。如果自然主义是正确的,那么这种结论对整个宇宙以及其中的一切事物都成立。

对这种看似黯淡的景象,至少有两种方法可以回应。一种是简单地接受生命就是毫无意义的,另一种则是质疑支持"我们必须像裁纸刀,生命才会有意义"这个悲观结论的假设。无神论存在主义者认为能在意义中发现危机是因为我们意识到,人类的目的是由创造者给予的这一"真理"实际上是不存在的。这并不能说明生命没有意义,可能只是让我们得出结论:生命意义的来源并非和我们所想的一样。

这大体上是萨特思路的方向。萨特认为我们必须承认的关键事实是：目的和意义并不是人类生命中固有的，所以我们有责任找到自己的目的。这并不是说生命没有意义，而是生命没有"预先决定"的意义。这要求我们面对为自己创造意义的责任，而萨特认为我们实际上并不太会这么做。我们宁可"自欺欺人"地生活，假装我们生活的方式和应该生活的方式都不是我们可以选择的，而是受各种外界事物或超自然力量影响的、命运的产物。

从某种意义上来说，我们的命运掌握在自己手中，我们有创造自身目的的自由，这个观点听上去会让人觉得自己有了自主权，摆脱了约束。不过，很多人觉得这种说法听起来很空洞，就好像认为单凭"我们只要为自己创造意义就可以了"这句话就能对抗宇宙一样是无意义的。创造出来的意义完全不是真正的意义。萨特式的目的是虚假的目的，存在主义式的价值是虚假的价值。

但是，有理由相信这个回答是被误导的。为什么我们应该认为后天创造的目的不如预先设定的目的，而且只有后者能让生命有意义？如果目的在设计阶段就定下，目的是否更加"真实"或更重要？这并没有一个通用的原则。想想便利贴的历史。这种贴纸上的黏胶是1968年由一位3M公司的科学家发明的。但当时无论是他还是3M公司的其他人都不知道这种黏胶有什么用。6年后，另一位3M公司的科学家厌倦了自己在教堂唱赞美诗时跟不上其他人的情况，于是他想，要是有一种黏性较小的书签就好了。后来他意识到，之前发明的那个似乎毫无用处的黏胶终于可以派上用场了。如今，便利贴可以说是随处可见。

便利贴的例子似乎微不足道，但它清楚地说明当涉及用途或目的时，真正重要的不一定是发明者的观念，而是这个创新的实际用途或目的。

相比之下，人类的一生可能非常不同，但同样的逻辑也适用。真正重要的是，生命肯定对此时此刻的我们来说是有目的的。至于这个目的是造物主想出来的，还是我们自己指定或创造出来的则并不是最重要的。如果我们能够赋予生命目的和意义，那么就没有明显的理由说这种意义不如造物主赋予的意义。

其实，预设的目的可能让生命变得缺乏意义。例如，弗兰肯斯坦可能只是为了清理他的房子创造了一个人。那这个人的尊严和意义就肯定比在自然主义的宇宙中出生的人要小吗？从这个角度来说，确定自身存在的目的比只是满足其创造者的欲望要好。

这是萨特认为他的存在主义是乐观的的原因之一。因为人类有能力决定自己的目的，人类更有潜力过有意义的生活，而不仅仅是被造物主分配了意义本质的创造物。选择自己目的的能力是区分萨特所说的有意识的"自为存在"与无意识的"自在存在"内容的一部分。"自为存在"能控制自己的生命，使用其有意识的思维来指导自身的目的，而"自在存在"只能是它原本的样子，并因为他人使用的目的而被赋予意义。

这对自然主义宇宙中的意义问题意味着什么？如果我们采纳自然主义的观点，认为宇宙并非是智慧设计的产物，而是自然之力的产物，那么对于我们为何活着的解释并不能让我们找到生命有何目的这个问题的答案。这看上去似乎会导致某种形式的虚无主义,在这种情况下,我们会认为宇宙没有意义。但除非错误地假设,目的必须植入人类的生命之中,我们才会得出这样的结论。因此,我们不能在人类生命的来源中找到目的或意义这一事实并不是支持人类的生命没有目的或意义这一观点的理由。

虽然这些观点中有很多是由存在主义者先阐明的,但是很多不同流派的哲学家们也认同他们的基本主张。例如,没有人会将当代的美国哲学家丹尼特描述成存在主义者,但是他却写道:"为什么我们的目的一定要继承自造物主?(我称之为重要性的涓滴理论——任何重要的事物的重要性都来自其他更为重要的事物。)为什么我们不能创造我们自己的目的?"

随着本书内容的展开,围绕这个案例的争论会愈加激烈,因为我们会找到让生命变得有意义的其他途径,同时也会回归这一主题,即人类生命本身是自身意义的来源。但我们必须思考自然主义者的另外一种观点:用智能设计来解释生命的起源与意义。

亚当令人困惑的目的

在人类历史的大部分时间里,甚至是现在,大多数人仍然并未接受"宇宙是盲目的没有目的的力量的产物"这一自然主义者的观点。他们认为宇宙一定有着某种通常被称为神的创造者。

世界上各种宗教的创世传说都生动地表达了这一信念。犹太教和基督教有《创世记》的故事：传说神用 6 天的时间创造了世界。印度教则有《往世书》，这本书讲了一个不同的创世故事。在故事中，大神毗湿奴躺在他的大蛇舍沙身上，一朵莲花从他的肚脐中长出来，莲花里现出了梵天，然后梵天在一个小金蛋中创造了整个宇宙。虽然很多人将这些故事视为神话，但是别忘了，还有许多人认为这些故事就是真的。

也有一些人拒绝认为这些神话就是真理，但是他们的确相信神是宇宙的终极原因：《创世记》和《往世书》中的创世故事只是隐喻，但却反映了一个真理，即宇宙是为了某个目的而被刻意创造出来的。必定存在某个宇宙的设计者，这个观点有时候会被人们用复杂细致的理论来证明。但或许其更多是得到了人们本能的支持。许多人有强烈的冲动，不相信宇宙具有无理性这一事实。

例如，上一位登月者尤金·塞尔南曾说："任何心智正常的人都无法看着星辰以及无处不在的永恒黑暗的同时，还否认这种体验之中包含的灵性，同样也无法否认神的存在。"但类似这样的主张不过是表达了个人信念而已。塞尔南从他自己内心的"灵性"经历相关的主张直接跳到存在某个造物主这样的外在事实，他并没有提供任何证据或理由来让其他人也像他一样相信他的这个主张。他仅仅认为任何心智正常的人都会像他一样确信这个主张。

就自然主义来说，我主要关注的不是评价各种创造者观点的价值，而是要思考，接受这些观点将对我们关于生命的目的与意义的看法产生什么影响。但我必须声明，我不是一个中立的观察者。我认为宗教文献中的创世故事很明显都是假的，理由是：这些故事不但相互矛盾，也与我们对宇宙起源最科学的理解相冲突。并且，与绝大多数当代哲学家一样，我并没有被哲学中版本繁多，试图证明神一定是宇宙首因或设计者的所谓宇宙论和目的论的证据说服。

但是，假设我错了，而创世论是对的——正如我们在前一节看到的，人们就会很快总结出：如果没有造物主，那么生命就没有意义和目的。但为什么有了造物主，生命就有了意义和目的？这个问题的答案还不明确。一切似乎都在依靠宇宙是被创造出来的，设计者早已为我们想好了某种目的这个信念。而目的是什么？我们是否应该接受？这些都是悬而未决的问题。

这并非针对宗教进行批判或论证，只是阐述了宗教性解释有各种局限性这一简单事实，信徒们也应当接受这一点（他们往往能接受）。例如，没有任何基督教徒或犹太教徒能够单凭引用宗教经文就恰当地回答为什么神要创造人类。我们只知道在《创世记》中，神告诉人类"要生养众多，遍满地面，治理这地。也要管理海里的鱼、空中的鸟，和地上各样行动的活物"（《创世记》1：28）。

的确，随着故事不断展开，关于人类被创造的目的还出现了更加世俗化的主张。经文说："耶和华神将那人安置在伊甸园，使他修理看守。"(《创世记》2∶15)而夏娃之所以被创造出来，是因为"只是那人没有遇见配偶帮助他"(《创世记》2∶20)。很多人将其解读为神曾经赋予我们管理这个星球的责任。不过，我们根本就不知道为什么这个星球一开始需要有人来看守，也不明白为什么做了这项工作就能让我们的人生有意义。

当然，认为上述经文来自神的基督教徒或犹太教徒会说经文已经尽量解释了"神为何创造我们"。但其他宗教也没有提供充分的解释。例如，宗教往往说我们在世上是为了行使神的意志。如果这是真的，那么我们就和前面说过的清理房间的怪物一样。对创造我们的存在来说，我们的生命有一个目的，但那不是我们自己的目的。我们每个人都将成为萨特所说的"自在存在"（为达成他人的目的而被利用的客体），而不是"自为存在"（有意识，能做出对自身有意义的决定）。如果我们发现自己存在的唯一目的就是侍奉神，那么我们可能觉得这种情况比没有预定目的的人生更糟糕。是在宇宙中扮演某种奴隶的角色更好，还是做能为我们自己创造角色的自由人更好？

我们被创造出来是为了服侍神明的观点遭到了反对，原因不仅是这样的观点剥夺了人的尊严，而且因为这种观点是无法融入宗教的世界观中的，因为这种观点是极其不可信的。毕竟，神觉得有必要创造复杂的人类，还让人类的一生饱受苦难和辛劳，只是为了让人类侍奉自己？还有什么比这更说不通的呢？这样的神像个自私自利的暴君，一心一意要用他的力量为自己创造出众多侍从，让他们歌颂、赞美自己。大多数宗教信徒崇拜的神不是这样的，所以认为我们存在于世是为了服侍神明的这种观点不值得人们支持。

一个更可信的答案可以追溯到耶稣在《约翰福音》中的话："我来了，是要叫羊（或作人）得生命，并且得的更丰盛。"（《约翰福音》10：10）即便这个答案并不是特别具有启发性，但也是一个更好的答案。因为无神论者会认同这个答案。无神论者也认为人生要过得更圆满，不是因为这是神的目的，而是因为这是我们唯一的一次生命，所以我们应当尽量把人生过得圆满。这样一来，这种表达不过是老生常谈罢了，会有谁认为人类不应该拥有生命且将其过得圆满呢？

另外，这种说法没有告诉我们，是什么让一种人生比另一种人生更圆满。许多宗教信徒说，他们的经书就是用来实现这个目的的：只要遵从经书的建议，你的生命就可以更圆满。但重要的是，只有宗教激进主义者才会严格遵守这条规则，大多数信徒会有自己的判断。当他们认为经书中的规则能够让所有人都生活得更好时，他们才会遵守这些规则。如果经书中的规则不能带来更好的生活，这些内容就会被忽略，可以说，这是一件好事。比如，并没有很多人相信《利未记》中的"凡咒骂父母的，总要治死他"（《利未记》20：9）或"并且那寄居在你们中间的外人和他们的家属，在你们地上所生的，你们也可以从其中买人……要永远从他们中间拣出奴仆"（《利未记》25：45~46）

这些话。

我觉得这是明智的。但这意味着宗教信徒遵循了一条简单的规则：如果遵循经书内容可以让所有人生活得更好，那就按照经书的内容行事；如果不能，就忽略。但这就等同于另一条更为简单的规则：做任何能提升所有人生命质量的事。经书不再具有任何特别的权威，要遵循的规则应是非信徒也能接受的规则。所以"我们此生的目的是过得圆满"这个观念并不一定要根植于任何由神给出的指示。

如果要赋予这个答案任何特别的宗教内涵，就需要将其与来世的观念相关联。如果圆满的人生包含了来世，那么无神论与宗教的概念的确不同。我现在要暂时搁置这一问题，因为我会在第3章讨论来世的可能性。我们现在要注意的是：只有相信死后有来世似乎才能将"神给予我们的目的是过得圆满"这种观念与"生命就是活着"这种老套的观念区分开。

我觉得，最能反思的宗教信徒会认同"神给予我们的目的是服侍神或过得圆满"的观点没那么有说服力。他们也许更愿意说："神的存在显示肯定有一个目的，因为神不会无缘无故地创造我们，但我们不知道那个目的是什么。"信仰要求我们信任神以及神给我们的目的。在《约翰福音》中耶稣讲过："你们信神，也当信我。在我父的家里有许多住处。"(《约翰福音》14：1~2）这是一个完全一致的立场，也许是最理智的宗教信徒的立场。但这样做要求宗教信徒先诚恳地接受他们对生命目的的了解并不比无神论者多这个事实。

我们也需要清楚地理解，采取这种立场所需要进行的信仰上的跳跃。这种信仰就是：我们无法确知是否存在的神，我们没有证据可以证明的来世，有某个我们无法领悟的目的。进一步说，我们也需要相信这个目的是我们乐于接受的。如果最后我们的目的是永远对抗撒旦的大军或者只是在地球上，被强迫在死之前一直像勇气的灯塔一样活着，那么我们可能会对神赋予我们的目的不太满意。

"我们是由神出于某种目的而创造的"，这一信念为我们提供的对我们预期生命意义的解释是不完整的。宗教并没有阐释清楚这个目的是什么。侍奉神这一观点似乎非常有悖情理，而且也与神的本质概念相反。"人生的目的就是过得圆满"这个观点并不新鲜，只有在相信有来世时才有更多的意义。承认"神的目的是我们必须相信的"等于承认我们对自己为何存于世这个问题没有答案，于是必须将一切都归于未知。相信人类的起源与超自然的神有关并不能为我们解释生命的目的。最多也只是向我们保证存在这么一个目的。

圣诞老人与弗兰肯斯坦

从解释人类起源的角度思考我们为什么活着，这并没有给我们带来更大的启发，也许我们不应该对此感到惊讶。再想想弗兰肯斯坦造物的例子。和我们不一样，那个生物实际上发现了自己被创造的目的是什么。他偶然看到弗兰肯斯坦在创造他的那4个月里的记录，他读到记录的第一反应是愤怒与绝望。"该死的创造者！"他咆哮道，"为什么你要创造出一个这么可怕的怪物，甚至连你都因为恶心而离开我？"

但这些启示对这个生物一生的发展以及他对意义的追寻并没有产生任何显著的持续影响。从各个角度来看，在发现自身起源的真相后，他的情况仍是一样的：他仍然处在社会边缘，人类害怕他，他却渴望人类的陪伴与关爱。他对创造自己的过程的发现对他在面对这些事实时感到的痛苦没有任何帮助，他的痛苦也并没有减轻。最终，他认为如果他有个女性伴侣，那么至少能让他的生活不那么难以忍受，于是他命令弗兰肯斯坦为他创造一个女性伴侣。

雪莱让我们了解，知道了创造物的来源并不能揭示生命的意义，她是对的，因为没有理由说，了解了过去就能让我们知道现在和未来的情况。认为知道起源就知道现在与未来意义的观点被称为"根源谬误"。这个词是由莫里斯·柯恩和欧内斯特·内格尔两位哲学家创造的。他们发现，这个错误是将一个信念的起源与它的论据相混淆。之后，这个词语的使用范围变得越来越广泛，可以用于描述事物的起源和某件事现在或未来的状态相混淆的情况。

关于这一谬误有一个很明显的例子，即认为一个词的起源总能让人对这个词的用法有深刻的理解。比如，以"digit"这个单词的起源为例。这个单词源自拉丁文的"dicere",意思是讲、说或指出。这个词派生出了手指或拇指的意思,而因为手指和拇指被用来计数,所以这个词也指"数字"。这非常有趣,但如果你想知道某人说的"三位数数字"指的是什么,联想到"digit"这个单词的起源并不能很好地帮你理解这个人的意思。其实,如果你考虑太多起源的问题,那么你可能会被误导。

在其他领域中也可能存在过度关注起源的情况。比如,都市传说中的圣诞老人的大衣通常是绿色的,直到20世纪30年代,在可口可乐的广告里,圣诞老人才穿上了红白相间、代表着可口可乐品牌的衣服。如果这是真的,我们能说现在所有圣诞老人都是代表可口可乐的隐形广告吗?有些反资本主义人士可能会让你这么想,但这样的说法不可信。这个说法解释了圣诞老人的衣服为什么会变成红色,但无法解释圣诞老人的形象在今天是如何发挥作用的。

当我们思考生命的起源与目的时,可能会犯一个类似的"根源谬误"。这个谬误是认为知道了生命的起源就自然而然地知道其终极目标或现在的目的。但终极目标或现在的目的并不必然会随之而来。一块燧石或一种黏胶刚出现时完全没有任何目的,其后来被使用的人赋予了目的。一座为某种特定目的而建造的建筑物,比如一个收费站,如果这条路不再收费,那么这个收费站也就不再有目的。原有的目的或缺乏目的并不一定会让物体的目的永恒不变。目的是可以获得、失去或改变的。所以,对生命起源的思考并不能让我们找到能清晰解答生命目的的答案。此外也让我们了解，为什么"生命不是为了某个目的创造的"这一自然主义观念并不意味着生命没有任何目的。

那我们还能去哪儿找答案？我在这一章一开始就说过，对"我们为什么存于世？"这个问题可以有两种解读。一个解读是回溯我们的起源，另一个解读是看我们未来的目标。这就是下一章的主题了。

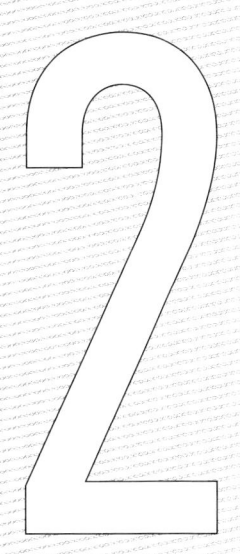

生活的未来

> 要理解生活,需要往后看,要过好生活,必须往前看。
> ——索伦·克尔恺郭尔

混乱中的秩序

赛尔乔·莱昂内导演在他的电影中描绘的狂野的美国西部就像17世纪政治哲学家托马斯·霍布斯描述的那种自然状态。只有软弱的警长维护法律秩序,"人与人彼此的对抗"永不停歇,生命是"孤独、可怜、肮脏、野蛮而又短暂"的。这就像一个没有道德、无政府的世界,神的死去以及因此导致的价值的消亡不可避免地会让许多人恐惧。

但就算是在这种道德的真空中,也可能存在某种秩序和意义。就拿《黄昏双镖客》这部电影为例,片中的两位主角刚出场时看起来像是缺乏道德意识的典型人物:赏金猎人。不过,随着剧情的展开,观众发现片中被称为"上校"(由李·范·克里夫饰演)的男主角不只是想要财富,他还有着更大的目的。他肩负着一个穷尽此生也要完成的使命:为遭到奸杀的姐姐报仇,找到犯下这些罪行的那个人,并且在杀了那个人之前,强迫他回忆自己的罪行。

《西部往事》这部影片也以复仇为主题。在这部电影中，由查尔斯·布朗森饰演的主角没有名字，他要为被谋杀的哥哥报仇，而且要让谋杀者死个明白。

驱使这些电影主人公不断前进的目标不只是为了构成电影情节。这些目标让我们看到，就算是在一个充满了毫无意义的死亡与挣扎的世界，目的感依然可以赋予生命形态和意义。这种主题的电影反映了我们经常对一个清晰的未来目标感受到的欲望，这个目标让我们经受的磨难有了意义，同时给了我们的生命一个清晰的方向。

缺少这样的目的往往是因为对生命价值感到不安。很多人认为，即便他们消失，这个世界也不会注意到他们，他们所做的所有事都毫不重要。人生就是赚钱、吃喝和睡觉，中间点缀着休息和放松的时间。所有活动都没有进一步的目的，都只是让我们活着以及保持清醒。这不由得会让人觉得，只有当我们的行为有更高的目的或目标时，我们的人生才会因此而变得有意义。

我们在这里寻找的似乎是一种人生的"目的论"观点，一种从未来目标或目的的角度对人生所做的解释。亚里士多德的《尼各马可伦理学》中就有目的论与人性善良相关的经典内容。亚里士多德的一个重要见解是：如果想要目的论的解释完整，必须以本身就是目的的事物来完结。只需要想想我们对好奇而又固执的孩子会有何反应，你就知道为什么了。

很多父母都知道，大多数孩子都会经历一段时长不一、发问频率也不同的"什么都问"阶段。孩子们想知道自己为什么必须做某件事,或者为什么某件事会发生。据说艾萨克·柏林出于这个原因将哲学家描述为一直问幼稚问题的成年人。对家长和孩子来说,这个问题是孩子不知道什么时候应该停止发问,而家长则往往不知道如何让孩子停下来。

看看下面这类停不下来的对话:

- 为什么街上会有那么多车?
- 因为大家要上班,要送他们的孩子去学校。
- 为什么大家要上班?
- 因为他们要赚钱。
- 为什么他们要赚钱?
- 这样他们就可以住得好、吃得好。
- 为什么他们不能像古代人那样住在茅屋里,吃以前吃的食物?
- 因为和住在舒适的房子里不一样,那样不舒服。
- 为什么呢?
- 就是不能啊!看!卖冰激凌的来了!

这样的对话可能会一直持续下去,其本身的结构就是原因。对于任何陈述 A,我们可能都会问"为什么 A?"这就产生了一个答案"因为 B"。但之后理所当然地,我们总能问"为什么 B?"然后没完没了地一直问下去。唯一能终止这种可能问个没完的情形的方法是像父母们通常做的那样，直接不再回答，或者给出答案"因为X"，这个答案让"为什么X？"这个问题显得不必要，具有误导性或者毫无意义。当活动的内容很容易理解并且被视为理所当然时，我们往往会这么处理。

比如，如果你正在下国际象棋，我问你为什么要走车，你可能会说你准备在三步之内"将军"。在下国际象棋的时候，如果我问你为什么要那么做，那么显然是不可理喻的。但如果我想知道的是为什么你要活下去，这个问题就又变得有意义了。我可能会惊讶于为什么你想赢棋，因为我可能想知道，为什么你觉得下棋能构成有意义的人生的一部分。

问题是，在谈到生命的整体目的时，很难找到同样的答案。这个难题有答案吗？

论证时间

这个难题的逻辑结构可能可以提供答案。"为什么/因为"式连续问答基本上就是一连串的论证。很容易就能想到，这样的问答是与时间顺序对应的。所以，比如，当我们在上一章中思考生命的起源时，我们基本上是在审视一个从现在到过去的"为什么/因为"式连续问答。首先我们问自己为何出生，然后问父母为何出生，然后追溯至人类为什么会诞生，最后问为什么会有宇宙大爆炸或创世神话。当连续问答最终停止时，它并没有揭示生命的意义。

在本章中，我们已经将关注点转移至未来，所以很容易会认为这个"为什么/因为"式连续问答将一直延续到未来，直到那时我们才能停止。但是，"为什么/因为"式连续问答并不需要以时间作为维度。比如，想想餐厅里每个人的角色：如果我们问为什么服务员、厨师、洗碗工、领班、顾客等人要做他们手中的事，得到的解释基本上不会与未来的目标或过去的事件有关。不如说，人人都在扮演互助的角色，其中每个人的活动都在满足其他人的需求，或为其他人所做的事提供目的。我们的"为什么"式问题引来了同时解释事物的"因为"式答案，同时考虑到了过去和未来的情况。

即使一个"为什么/因为"式连续问答也具有时间的维度，这个问题不需要只按照一个时间方向进行。我们来看看下面这个例子：

- 为什么你要开车去唐卡斯特？
- 因为我要把我伯父的骨灰带到他想安息的地方。（未来）
- 为什么你要这么做呢？
- 因为我答应过他。（过去）
- 可他已经去世了，为什么你觉得有必要兑现那个承诺呢？他永远也不会知道的。
- 因为我是一个言出必行的人，这对我来说非常重要。（现在）

- 为什么？
……

在这个例子里，过去、现在和未来的各个方面都作为"为什么/因为"式连续问答证明的一部分。这表明，认为"为什么/因为"式连续问答要么追溯到过去，要么延伸到未来的观点过于狭隘。

这一点很重要。我已经反驳了"生命的目的可以通过回溯生命的起源来理解"这种观点。但这并不表示唯一的选择就是期盼生命的终极目的。餐馆的员工仅仅通过做自己的工作就能满足他们当下的职业目的，难道我们不能通过过好自己的生活来满足当下的人生目的吗？我要证明这样的观点是正确的。但首先我们要进一步思考未来赋予我们意义的可能性。

目的满足后，就没必要继续活下去了吗？

如果我们将人生的目的视为未来目标的成就，那么就会出现几个问题。如果我们终将死去，那么问题就是总有一天我们不再有未来。意义还未实现，生命就结束了，因为死亡最终会夺走我们行动目的所依存的未来。

同理，即便我们永生不死，人生也不会因此就有目的。实际上，这将会让生命显得更加徒劳无功。为什么我们要做某件事的唯一答案只存在于永恒的未来。过着这样的人生，我们将永远都得不到答案。我们就像戴着一顶帽子的驴，帽子上面挂着一根胡萝卜，离双眼始终有两英寸[①]，我们要永无止境地向这个永远无法企及的未来前进。

如果要让生命有意义，这个"为什么/因为"式连续问答就不能无穷尽地向未来延伸，我们必须于某一刻抵达终点。这个时候，进一步的"为什么"问题就不重要了，它甚至具有误导性或者毫无意义。这样，我们可能永远都无法触及生命的目的。

赛尔乔·莱昂内的西部片就反映了这样的见解。在这些电影的结尾，观众会有一种圆满的感觉，因为主角终于实现了目标。他们的目标并不是存在于永恒的未来，而是存在于未来，这个未来会在某一天变成现在，然后再变成过去。

但是，这又引出一个问题。在影片片尾出现演职人员名单，主角骑马奔向沙漠深处时，电影没有正面回答的问题是：这些枪手现在的人生目标又是什么？当一个人实现了一生所追求的目标时，他通常会开玩笑地说："我现在可以开心地去死了。"但这会引出一个严肃的问题："那么你为什么不去死？"毕竟，如果生命就是要实现某个目标，那么目标一旦实现，还有什么可做的呢？一旦人生的目标实现，这个目标就不再指导我们的行为，显然我们也就失去了继续活下去的理由。

[①] 1英寸≈2.54厘米。——编者注

生活的未来

这不仅是智力上的诡辩。对许多以目标为导向的人来说，一旦实现了抱负，的确会有这样的感觉。一开始的开心会给人短暂的充实感，但很快他们就会感觉到空虚，因为他们意识到自己所有的追求和目标都已实现，他们没有可以赋予生命意义的东西了。

当代澳大利亚道德哲学家彼得·辛格的著作《生命，如何作答》中就有一个非常好的例子。达拉斯牛仔队的教练汤姆·兰德里说："就算你刚刚赢得了超级碗的冠军，你知道下一年还是有比赛要打。"如果"打赢比赛不是一切"，而是唯一要做的事，然而"这个唯一要做的事"什么也不是，那人生就是空虚、没有意义的一场噩梦。

这表明，如果生命的意义在于目标是否达成，那么实现目标可能会让你觉得空虚，因为没有其他东西能提供人生意义。许多人会重新设定目标来解决这个问题。"下一年还是有目标。"但这样只是避免了以这种方式面对人生时的根本问题。丹麦存在主义代表人物索伦·克尔恺郭尔说过，在一个不断将未来转化为过去的现在之中，人生"必须往前看"。时间的片刻是无法抓住的，但成就从本质上来说与成功的片刻紧密关联，这些片刻很快就会变成过去。

上述内容反映了克尔恺郭尔所谓的"存在的审美领域"和"存在的道德领域"的划分所抓住的人类处境中的一种压力。每个领域都反映了人类生命的一个重要方面，但这两个领域本身并不足以解释它。帕特里斯·勒孔特的电影《火车上的男人》对这个问题进行了简洁的说明。影片中两位主角彼此羡慕，看到他们在克尔恺郭尔的审美/道德划分标准上的生活太过于偏向某一方面，我们就能理解他们。退休教师马斯奎特过着平静的生活，这种生活与一些属于道德领域，具有"永恒"价值的事物相关：教育、学习、艺术以及诗歌。这种生活让我们成为时间中持续存在的生物，有记忆、有计划，还拥有对现在的感受，并使我们的这些本质得以表现出来。这反映出我们不仅活在当下，同时也活在持续且紧密连接的片刻时间之中。

不过，马斯奎特意识到，生命不只有道德这一个方面。他渴望经历他的新朋友——惯偷米恩有过的刺激经历。米恩生活在审美领域中，专注于当下。在这个语境中，"审美"这个词并不是与艺术以及美相关联的意思，这个词在希腊语中的含义是与感官经历相关。我们是可以进行审美的生物，因此我们在此时此地通过感官来体验这个世界。米恩认识到了这个事实，但在经历了一系列愚蠢的冒险后，他觉得疲惫又空虚，没有什么能让他有长期的满足感。他从马斯奎特的人生经历中清楚地看到了自己正好缺少的东西。这支持了克尔恺郭尔的主张，即只活在当下的生命本质上难以令人满足，原因是当下终究会离开我们。现在是抓不住的，因为现在总是在手指之间消融，然后变成过去。

米恩和马斯奎特象征人类生命的双重性，以及人生中有时有冲突的需求。二者的对比显现出的不满足感突出了活着就得同时尊重生命的审美领域和道德领域。

克尔恺郭尔认为，道德领域和审美领域无法理性地协调。他嘲笑了黑格尔认为两个极端（正命题和反命题）可以通过理性的"辩证"得到解决，从而进入和谐的"综合"阶段的观点。克尔恺郭尔认为，只有通过信仰上的大转变，进入宗教领域，才能使人类存在的两个彼此冲突的方面相结合。在耶稣身上，克尔恺郭尔看到了调和的审美领域和道德领域：有限的人和无限的神共存于耶稣身上，这不是可以用理性解释的东西，而是某种只有超越理性，进入信仰的领域才能让人接受的东西。

为什么克尔恺郭尔对这个问题的分析比他的解决方法更吸引人，原因有很多。克尔恺郭尔的全部重点在于，他阐明了没有理性的理由说明为什么一个人要在信仰上做出这样大的转变：这么做的动机只能来自早前的承诺。确实，克尔恺郭尔认为，他的整个思辨计划是在解决他怎样才能真正成为基督徒的问题。所以除非我们已经皈依基督教，否则我们没有任何合理的理由去接受这种信仰，即便是从克尔恺郭尔的角度来说也不行。对于任何一开始没有预设的宗教信仰的探究，比如现在正在进行的这个探究，接受神创造人的矛盾给人带来的好处并不大。

即便如此，克尔恺郭尔对人类境况的分析还是可以说明目标导向型人生的问题所在。这种人生要面对的困难是人生的目的定在了完成特定的、必然与某个独立时刻相关联的目标上。这反映了人类生命的审美本质。我们与当下相关联，因此我们必须寄希望于生命意义中的某个部分反映出这一点。同时我们的存在也跨越了时间。当我们的人生目标极为狭隘地暂时与属于现在的时刻相关联时，我们便无法正确处理人类生命之中具有延续性的一面。

甜蜜的生活

如果目标导向的人生太过于偏向审美方面，那么纠正这种不平衡的一个有效的方法便是同时争取事物和活动的理想状态。想想这个例子，某人认为如果她在法国南部买了大房子，又有丈夫和孩子，那么这个"为什么/因为"式连续问答就结束了。这听起来可能很肤浅，但却说得通。看看上述这个人是如何对自己的人生目标进行描述的，下面是她可能做出的简化版描述。

- 你为什么要上大学？
- 为了拿学位，这样才能找个收入不错的工作。
- 你为什么想要找个收入不错的工作？
- 因为我想赚很多钱。
- 但那样就得辛苦工作。为什么这比享受人生更重要呢？
- 嗯，不完全是辛苦工作，不管怎么样，我都是在以长远的眼光来看问题。
- 为什么？
- 因为这样能让我得到现在所拥有的一切：我在法国南部

有一栋带游泳池的大别墅，一个爱我的丈夫和乖巧的孩子们。
- 为什么你想要这些？
- 你没事吧？怎么会有人不想要这些呢？

最后的"为什么"问题虽然并非荒谬，但依然被视为不必要或受了误导。如果提问者认为这种田园生活之美还需要某种论据来支持的话，那他是不是跑题了？在一个还有很多人连最基本的生活需求都得不到满足的世界里，我们可能会质疑上述生活方式是否合乎道德，但质疑这种生活方式是否令人向往就很奇怪了。毕竟，如果这种生活不值得过，那还有什么值得呢？

此处的重点并不是评价这种生活方式，而是将注意力转移到两个重要的观点上。第一个观点是，我们之前已经反复看到，我们总在某个时刻必须到达一个阶段，在这个阶段，一个"为什么"问题会碰到"你没事吧？怎么会有人不想要这些呢？"这样的回答。如果不是这样的话，那么这个"为什么/因为"式连续问答就会延伸到无限的未来。用事件可以持续的状态来结束这个连续问答，似乎比用一个很快就变成历史的事件来结束更让人满意。

第二个重点甚至更有说服力。在解释自己的人生选择时，这个女人完全是用她后半生的财富和美满家庭这个最终结果来作为证据。因此，这个女人遵循的人生规划的前提就是人生的目的可以不是某种成就，而是一种令人向往并且可持续的状态或生活方式。

接受上述说法后,我们显然就应该认识到那种必须花费多年时间辛苦工作,靠积累财富才能享受的生活方式只是多种令人向往的、可能的生活方式之一。但有很多人的确期待在"成功"时就能够拥有田园诗般的未来,并将其作为努力的终极目标。这是错误的,而且从根源上讲,这是因为他们没有意识到,如果我们为之努力的对象本身是有价值的,那么我们现在掌握的许多东西也同样有价值。毕竟,上面说的奢华生活与中等富裕的生活没有本质上的区别而只是程度不同。对大部分人来说,就算用音质更好的高保真音响播放音乐,开捷豹而不是福特,生活品质也不会提升很多。

为了未来目标中的财富与安全感牺牲太多人生乐趣的人犯了一个错误,那就是过高地估计了未来生活水平超越现在生活水平的程度。拥有财富可能表明会有更好的生活条件,但不值得把人生的多年时光都牺牲在这件事上。当涉及人际关系时,这一点就更重要了。心理学家一直强调人际关系对个人幸福来说是很重要的。就生活的满足感来说,为了工作而忽视友谊基本上肯定是不划算的,因为友谊是钱也买不到的东西。很多婚姻和伴侣关系变得紧张,甚至被毁掉,原因之一就是其中一方花费了太多时间在工作上而忽略了感情。

其中的风险不仅在于未来不一定会好到足够证明你过去的付出没有白费,而且未来可能永远都不会来。以未来的目标作为人生目的的其中一大风险就是人的生命是有限的,我们永远无法确定自己能活到哪一天。大多数人希望活到 70 岁或更长寿，如果我真的能活那么久，那就相当于把本来只能寄予希望的事当成理所当然的事。

当然，如果我们平衡地考虑未来和现在，就不会有非此即彼的简单观点。比如许多企业家热爱赚钱的过程，他们未必是被未来可能享受的生活激励。确实，就算不再需要赚更多钱，企业家们也会继续辛苦工作，大多数企业家都有这个特点。

不过，无论我们追求的是财富还是未来的成就，我们总会不由自主地认为，生命的满足感取决于还未发生的事物。等到孩子们长大离开家、房贷还清、得到晋升，不用再这样努力工作，生活就会好起来。菲利普·拉金在他的诗《下一位，请》中很好地表达了这一点：

> 总是太渴求未来，
> 我们
> 养成了等待的坏习惯。
> 某样事物终究会到来，
> 每天如此
> 直到我们说……

这种"等到那时"的观念挡在了我们与现在的生命可以获得的满足之间。

或许，我们陷入"等到那时候"思维的其中一个原因是自欺欺人的信念。我们拒绝接受某事物处于自己的掌控中和责任范围内，并且认为该事物依赖外在因素，就像我们的经济状况一样。虽然手头拮据会对个人幸福感产生负面影响，但是除非我们穷困潦倒，不然我们是否会因为经济状况感到压力，很大程度上取决于我们看待事物的态度。罗马的斯多葛派哲学家和皇帝马可·奥勒留说过（虽然他的话有些夸张）："如果你因为任何外在事物而感受到压力，那么并非是这件事困扰你，而是你自己对于该事物的判断困扰你。你有能力现在就消除这种判断。"

现代心理学也研究了这种情绪。心理学家奥利弗·詹姆斯一再指出，如果我们和更富裕的人比较经济状况，我们的确更惨，但人们就喜欢这么做，忽略所有与我们一样富有或更穷的人。在察觉到这种相对的贫穷后，人们对自己现状的满意程度就会下降。

这种不公平的比较会走上可笑的极端，布莱特·伊斯顿·埃利斯的小说《美国精神病人》就讽刺了这一现象。在根据小说改编的电影中，主角帕特里克·贝特曼因为其华尔街同事的名片比自己已经足够漂亮的名片更亮眼，就愤怒到变成杀人魔王。虽然他的钱已经多到花不完，但他完全无法接受他人比自己更富有。我们喜欢比较的东西一般没有影片中主角的那么荒唐，但即便比较的内容不同寻常，其形式却很常见。

然而，为了认识到我们自身反应的重要性，我们需要接受自己有能力缓解自己的不满。萨特说，我们害怕并试图否定这种自由。我们不愿意探究一切全都由我们自己负责的想法，因为如果这样想，出问题时，我们就无人可怪了。所以，我们宁可自欺欺人，觉得不应该怪自己，而应该怪环境。

我们觉得当所有外界因素都就位时才会快乐的另一个原因是，我们很难接受生命中的不完美。萨特对此也有论述，他将接受存在的"真实性"的需要描述为："无论我们是否喜欢，世界都是这样。"

当涉及我们想从生命中获得什么，期待什么的时候，这一点非常重要。身处富裕的西方国家的人，一般都希望拥有一位不但是非常好的朋友，也是完美爱人的优质伴侣，物质水平不错的生活，有家教、快乐的孩子，让人奋发向上又令人满足的工作，丰富的社交生活和能逗人开心、有趣且聪明的朋友，以及能经常去国外度假。当然，看一遍这个清单，你就会意识到只有极少数人能拥有这些。但西方中产阶级有个普遍的观念，有时候几乎能算是一种预期，他们认为这一切都能，也几乎是理所当然能实现的。

比如，作家兼记者霍普·埃德尔曼似乎一切如愿：一位好伴侣、一份好工作和一个健康的孩子。但当丈夫建议给家里雇一位保姆时，她吓坏了。"他难道不明白吗？"她解释说，"我从来没有计划过要雇别人来养我的孩子，我计划的是我们一起来做这件事，两个人都成为有全职工作、负责任的父母，在平等的婚姻状态下共同养育一个有家教、跟父母都亲的孩子。"这种不切实际的高期待其实挺普遍的。

为这种荒谬的高期待定下标准后，当人们在任何时刻审视自己的人生时，都会因为自己没有达到标准而感到失望。你的伴侣可能很棒，但不是你梦想的完美爱人或朋友；你的孩子可能不听话，在成长的过程中经常惹出麻烦；你的工作可能很累人。而出国度假既能让你享受日光浴，也能使你释放很多压力。于是，我们不愿意面对这类不完美的真实世界，反倒想象有朝一日能过上自己理想的生活。

为了做到坦诚和连贯，我们必须避免让这些错误发生。如果我们认为未来是没有任何困难和烦恼的，那就错了。我们得认识到好运气是脆弱的，世事也无绝对。但我们是否有勇气坦诚地去接受人生的本来面貌，然后尽情享受人生？或者，我们是否害怕这么做了后就会证明人生是令人失望的？

人生是复杂的

这一章，众多论证的核心是一个逻辑点，即"为什么"的问题以及它们的"因为"回答是如何产生一系列证明的。我称之为"为什么/因为"式连续问答。如果将这个连续问答在时间上延续到未来，那么生命就变成了徒劳。因为为什么应当做自己所做之事这个问题的答案永远都存在于未来的"因为"中。如果确实如此，我们就永远都无法理解生命存在的目的，无论是否有来世，我们都抓不住目的。

因此,"为什么/因为"式连续问答必须以一个"因为"的答案结束,对于这个答案,继续问"为什么"这个问题是没有必要,具有误导性或者毫无意义的。但如果最终目的本身是一项成就或某个特定的时刻,那么它也许只满足了克尔恺郭尔所说的人类本性中的审美部分。时间的片段终将消失,所以,如果生命的目的与某些时刻相关联,那么目的也会消失。因此,虽然这种时刻可以起到一部分作用,但为了找到一个真正能让人满足的目标,我们还是得找到一种本身就值得的生活方式。但要这么做,我们就必须忍住不把这种行为当成是对完美未来的追求,不要总认为把钱之类的外部问题解决之后,就能无忧无虑地享受人生了。我们得认识到,实际上二者都不现实,人生很少有纯粹的乐趣,而且我们自己的态度对我们感受到的幸福很重要。

但这一切都是以一个非常不确定的"如果"为基础的。这个"如果"是不是指可能存在某种本身就值得过下去的状态或生活方式,并且其足够有意义,能赋予生命一个目的?我还没考虑这种可能性,但是在后续章节中,我会说到这个问题。

还有最后一个有待审视的观点。本章没有假定人类的道德观,因为当我谈到终结"为什么/因为"式连续问答的必要性时,无论我们能活70年还是长生不死,我的说法都是适用的。不过,依然可能有人觉得我对超验实体(神或者超越尘世的维度)是否会彻底改变我们对于生命意义的看法讲得太少。因此,我们必须审视一下这个可能存在的另一个世界。

3

天地之间 不止万物

> 霍雷肖,天地之间有许多事情是你的睿智所无法想象的。
> ——《哈姆雷特》第一幕,第五场,莎士比亚

莉莉亚在少女时代就被母亲抛弃，一直由毫不关心她的姑姑照看。莉莉亚在苏联解体后衰败的俄罗斯过着单调乏味、人生没有盼头的贫苦生活。吸毒成了她放松的方式，而卖身则是她赖以生存的赚钱手段。莉莉亚最好的朋友沃洛佳是个无家可归的12岁男孩儿。在被骗到瑞典之后，她原本就已经很凄惨的生活变得更糟糕。在瑞典，她的生活并没有像之前别人承诺的那样变得更好，她被一个男人关起来强迫卖身。

即便知道上面的故事来自电影《永远的莉莉亚》，你也不会觉得有一丝安慰，因为无数人有过类似的经历。众所周知，人生往往不容易，但对极少数人来说，人生甚至可以悲惨到多数人无法想象的程度。要想不陷入极度绝望，我们就要回答一个问题：像莉莉亚这样的人有什么可能的救赎机会？

在我看来，《永远的莉莉亚》让人觉得既震撼又压抑。绝望似乎是一种恰当的反应，因为我们觉得无力阻止这种悲剧发生。但黑暗之中又存在一线希望。沃洛佳因为吸毒过量而死，但却以天使的形象出现在莉莉亚的面前。我将他的这种存在当作一种投射，他的天使形象是莉莉亚凭空创造出来帮助自己熬过艰难岁月的。天使的存在证明人类可以顽强地重燃希望,但又痛苦地提示天堂的庇护是虚幻的。

不过,这不是电影导演鲁卡斯·穆迪森的意图。"我信神,我的电影里也有神,"他告诉采访者,"我确实相信我死后会有某种东西来照看我。就像神照看莉莉亚一样。我可以肯定地说,如果我没有这个信念,我拍不出这部电影,我觉得我会自杀。"

许多人都认同他的说法,相信在这个广袤的宇宙——我们生活的物理世界——之外,一定有着某种形式的超验实体,一个在"外面"或"超越"这个世界的世界。如果没有这样的世界,那么自然界中毫无意义的苦难以及生活中的许多绝望将无法获得救赎。他们无法赞同伯特兰·罗素说的:"宇宙就是宇宙,没有别的东西了。"

或许这不过是人类弱点的一个标志。毕竟,即使某些人无法容忍没有超验实体存在,这一观念也不会对宇宙之外存在更伟大的目的这类信仰的论证或理性的证明造成影响。有时候,人无法忍受的是事实。

尽管如此,我们要认真对待超验领域才能赋予生命意义的可能性。很多受过教育的人依旧相信神的存在,我们不能不加分析就否定他们的观点。

当然,某些宗教信仰完全省掉了超验的元素。比如17世纪的荷兰哲学家斯宾诺莎这样的泛神论者,就认为神遍布于万物之中。换句话讲,神完全以自然的一部分存在,而不是以创造者或维持者的身份存在于自然之外。斯宾诺莎所谈论的是一个单一的实体,即"神或自然",而不是区分出神以及他所创造出来的自然。

虽然如此,绝大多数宗教确实假定有某种与自然不同的超验实体存在。因此,尽管本章并未涵盖所有宗教形式,但它确实涉及了最常见的形式。

我的做法是分别考虑超验实体的两个方面。第一个方面是神存在的可能性,以及神的存在对于生命意义的启示。第二个方面是在超验领域中存在一种可能性,即死后生命以另一种形式延续。这两个问题需要分开,因为其中一个问题并不必然会引出另一个问题。可能有神存在,但不存在于来世;或者有来世但却不存在神,至少不一定会有单一超验实体的神。因此,只有在考虑了两方面之后,我才会去探讨同时存在神以及来世的可能性。

虽然我会怀疑在超验领域中找到意义的可能性,但我希望那些认真看待宗教的人不会认为这实质上是在批评宗教,而将其看作是对超验领域所产生的信仰的一种坦诚的评价。

我们信仰神吗?

在前两章我们已经看到,光是信仰神本身并不能回答生命的意义是什么这个问题。但是信仰神能使我们不再担心生命的意义，因为我们确信神不会毫无目的地创造我们。我们只需要相信神会照看所有人就可以了。在《马太福音》中，耶稣说："那杀身体不能杀灵魂的，不要怕他们；惟有能把身体和灵魂都灭在地狱里的，正要怕他……两个麻雀不是卖一分银子吗？若是你们的父不许，一个也不能掉在地上……就是你们的头发也都被数过了。不要惧怕，你们比许多麻雀还贵重！"（《马太福音》10：28~31）

从这个观点来看，要求我们做的就只有相信上帝的善，我在这里想说的不是有信仰是否正确，而是要更仔细地分析为什么这种出于信仰所做出的行为是一种选择，以及这种选择将会产生怎样的结果。我想论证这种信仰涉及放弃追求生命的意义，而不是发现生命的意义，这会导致某种焦虑，而不是让人安心。

如果只是相信神创造我们所有人都有目的，而且这个目的最终将证明能满足我们，那么我们等于在说："我不知道生命有什么目的，我也不为此担心。我把这个问题留给上帝就好了，他会在适当的时候告诉我的。"相信这个观点的人对自己生命目的的理解并不会比拒绝承认生命目的的可能来自神的无神论者强多少。

思考一下这个例子：两个汽车收藏家都希望找到所有无人知晓的车型，但两人都还没成功。不过既然可能至少有一辆这样的车停在某个积满灰尘的车库里，那他们多少还有希望。不过，第一位收藏家决定让顶点汽车搜索公司代劳，自己不再去找。顶点汽车搜索公司信心满满地表示这种车是存在的，但又不能提供对这种车的详细描述。而且，这家公司也没有成功地找到这种汽车的记录。

在这个例子中，与第二位收藏家相比，第一位收藏家显然并没有更接近"拥有他希望得到的车"这个目标。实际上，他成功的前景好像更不乐观，因为他雇了一家看起来显然不太可靠的公司。我觉得这个例子与宗教信徒和无神论者的对比相似。

谁处在更有利的位置现在取决于承包商有多可靠。这是无神论者和宗教信徒无法达成一致的地方。对无神论者来说，神不存在，所以宗教信徒将自己的信任寄托于幻想。对宗教信徒来说，没有比神更值得自己信任的了。这就是为什么就算神的目的仅仅是要我们服侍神，我们也必须相信这个目的就足够好了。毕竟，谁知道什么对我们最好？是神还是我们这些可悲的凡人？

因此，宗教信徒应该（也常常这样做）认为，他们的信仰并没有向他们揭示生命的目的。从这个意义上来说，他们并不比任何其他人更能理解生命的意义。但他们依然坚持，从另一个意义上来讲，他们对意义的追求已经完成，因为他们已经将责任交给至高无上的神了。

但在无神论者和宗教信徒做到求同存异之前，必须充分欣赏和接纳一种信仰立场所包含的严肃的暗示。这意味着信徒的立场并不是释然安慰，而是存在着无法预知的风险。

信仰的风险

我们觉得，如果相信上帝能确保生命有意义或有目的，那么有两个理由会让人感到不安。其一是这种信仰本质上和理性无关，其二是拥有信仰并不能从任何方面免除个人在道德和生存方面做抉择时的责任。

我宁可说信仰是"无关理性的"，也不愿意说信仰是"不理性的"，因为信仰并不是从本质上要人违反理性的要求（虽然这经常发生），而是无视理性在通常标准下所要求的证明和证据。信仰因此侧重的是"决定不参与"对理性证明的需求，而不是有意试图违反理性。

这么说并不一定是在批判宗教，而是在重申许多伟大的宗教思想家和经文都曾提到的要与理性形成对照的要求。比如，想想《约翰福音》里这个关于信仰的故事。在亲眼看见耶稣之前，使徒多马拒绝相信耶稣死而复生。这个故事有一个有趣且生动的细节。对所有认为没证据就不能相信耶稣死而复生的怀疑者来说，多马是这些人的代表。为了让多马成为范例，仅仅显示他的质疑是错的还不够，他还必须由于曾经怀疑过而受到某种羞辱。当他最终见到复活的耶稣时，这种羞辱适时地来了。二人会面本身就足以为多马提供他需要的证据。但从基督徒的观点看，他要求得到证据的做法本身就是错的。因此，这个故事不能在多马得到他所要的证据后结束，而是有一个可怕的情节转折，那就是耶稣让多马将手放在他的伤口上。多马被迫如此直接地面对他一直怀疑的事实，为自己竟然起过疑心而感到困窘和羞耻。随后，耶稣对其他可能怀疑他复活的人传达了一个信息："那没有看见就信的，有福了。"(《约翰福音》20：29)

很明显，这个寓言的重点是将信仰的美德与普通理性的标准做对比。多马被描绘成迷途羔羊，但他所求的也只是理性的信念通常会要求的东西：一些能够提供支持的好理由——理性的论证或证据——以证明这些宣称为真的事情确实所言不虚。直到有这些证据之前，多马在理性上都无法相信耶稣已经死而复生。确实，理性会要求他保持怀疑，毕竟，经验教导我们人是不会死而复生的，我们应该对任何人的任何说法保持怀疑，无论他们在说某件与我们所有经验相悖的事时的态度有多么坚决。

所以如果多马要求得到证据的做法是错的，那么他就错在坚持认为信仰也需要遵循一般的理性论证标准。这种对比在他遇见复活后的耶稣时就很明显了。一旦得到他所期盼的证据，多马的信仰考验就失败了。那些未曾看见就信的人才是有信仰的人，他们会有福。多马则是直到亲眼看见才相信，这显示他的信仰不够强。信仰有了理性的支持后就不再对信念有要求了。

这与我们平常谈到理性的方式吻合。没人认为对于那些有着良好论证和证据的事，需要信念才能去做或相信。没有人会认为搭乘可靠的交通工具，相信1+1=2，或者为了达到或保持健康而注意饮食需要强大的信念。但我们确实认为需要很强大的信念，自己才能信赖陌生人，相信耶稣死而复生，或者尝试使用一种未经验证的疗法来治好难缠的重病。所有这些都需要信念，正是因为通常用以佐证我们信仰和行动的证据和良好的论证都不存在。有了这些，这些行为就不再是出于信念的行动。

克尔恺郭尔在讨论亚伯拉罕的故事时强调了这一点。亚伯拉罕准备遵从神的指示，牺牲自己的儿子。直到最后一刻，才出现一位天使命令他住手。（《创世记》22：9~10）这是亚伯拉罕经历过的最有名的信仰试炼。但显然，这场考验之所以是一次真正的考验，是因为神要求亚伯拉罕做的事情违背了他已知的所有道德和神本善良的信念。

他的信念在两个层面上受到了考验。首先，他必须确定是上帝命令他牺牲以撒，还是魔鬼提出来的这个要求，或是自己发疯的结果。其次，他必须确定是否遵从这个声音。从上述两个方面来讲，理性都要求他不要做出这样的牺牲。仁慈的神肯定不会要求他做出这样的杀戮行为吗？执行这样的命令肯定是不对的吗？但亚伯拉罕照做了，这再次显示信念是如何独立于理性的，有时候还与理性相抵触。

这就是为什么无神论不是一种信仰。信念并不是要弥补理性的信仰和确定性之间的空隙，而是要完全回避理性。有些人可能会反驳，如果相信任何一件自己无法确定的事情，比如"神不存在"，就需要信念。但如果这也是真正的信念，那么要相信渡渡鸟不复存在，或者火星人不存在也需要信念。这种说法滥用了信念这个词，同时，那些真正有信念的人完全有理由觉得这样的含义冒犯了他们。信念的含义应当超越前述说法，否则就会有太多事情都变得与信念有关，而亚伯拉罕的典型案例和多马羞耻的案例就不会被很多人视为信念的范例了。

信念必须被视为与理性对立的存在，否则它就会失去能接受辨别的特征。这也是信念具有风险的原因。抛弃理性意味着抛弃决定什么是真或者怎么做才最有成效的最可靠办法，转而去支持自己的信念或他人的证词。但我们知道，对信念来说，这些根据都是非常不可靠的。在宗教背景下，个人信念可能引导人们去相信各种概念非常不同的上帝、诸神或者超自然的事物。

甚至教派内也会出现这样的差异。比如英国国教就因为同性恋神职人员的问题出现过分歧。公开同性恋身份且非常活跃的新罕布什尔主教基恩·罗宾森针对任命同性恋者为英国雷丁主教所产生的争执发表了下述看法："我相信那些认为这项任命很有问题的人，虔诚且真诚地追随了上帝的召唤。但从另一方面来说，我也是追随自己听到的上帝的召唤。我相信我们的教会在英国国教教团里是有空间接纳我们的。"我觉得他太乐观了，大家能以这样有着分歧又互相矛盾的方式诠释"来自上帝的召唤"，这件事本身就足以证明他们听到的根本不是上帝的召唤。

如果拥有信仰只是让人在礼拜天去当地教堂做礼拜，这可能还是不错的。但当人们真诚地相信自己了解上帝的意愿，而又和其他人的观点冲突时，那就有危险了。这是宗教偏执导致宗教圣战或对异教徒进行迫害的原因。这就是为什么像克尔恺郭尔那样努力思考信仰的意义是什么，且继续把自己的信念放在信仰之上的人会处在"恐惧和战栗"中。

这不是我

关于信仰要求什么，克尔恺郭尔对亚伯拉罕故事的生动复述揭示了更多令人不安的真相。在我小的时候，原版的圣经故事曾让我感到困惑。这应该是对亚伯拉罕信仰的考验。但可以肯定的是，如果上帝要你做某件事，你就得去做，只有傻瓜才会反对，然后被丢进燃烧着烈火的地狱中。

但当克尔恺郭尔描述亚伯拉罕痛苦的思索时，我们可以看到，为什么这是个真正的、可怕的选择。亚伯拉罕必须问自己几个问题：真是神要我这么做的吗？还是我被恶魔蛊惑了？我疯了吗？即便这是神的旨意，那我遵从如此邪恶的命令是对的吗？也许神不像我想象的那样善良，我是不是不应该遵从他的命令？又或者这是神在考验我，想要看看我有多善良？如果我只是单纯地遵从神的命令，那会不会显得我是一个邪恶又缺乏良心的人？他是在考验我吗？

亚伯拉罕必须自己下定决心，没有人能为他做这个决定。而且，无论他怎么做，他都无法回避这个决定伴随着的责任。如果他听从神的指令牺牲自己的儿子，他就不能说："别怪我，是神叫我这么做的。"因为他是自己决定接受这个命令，并且照做的。如果他没有遵从神的指令，他也不能说："别怪我，我只是遵循了神圣的律法。"因为是他自己决定让《十诫》凌驾于全能的神的直接要求之上的。

总的来看，亚伯拉罕的故事是信仰的预言。这个故事告诉我们，信仰不是把追寻生命意义的责任转交给神的有效办法。如果你将责任委托出去，你必须为你的委托人的行为负责；如果你选择相信神会处理一切，放弃追寻生命的意义，你也要为最后的结果负责。

这进一步说明，在超验的领域内，信仰不能给予生命意义。首先，我们看到，将个人信仰寄托于神就等于放弃了对生命意义的追寻，完全相信神。这种对信仰的依赖没有理性的支持，而是靠不可靠的机制来寻找真理，这种机制主要是个人信念以及他人的证词。这样做既不会消除我们在寻找生命意义时要承担的责任，也不会免去我们在找到意义之后要付诸的行动。

这样一来，个人的信仰就会被放在一个危险的位置上，因为他们认为神会照顾他们，这会让他们放弃追寻生命的意义和目的。但这一生可能是我们的唯一一次生命。如果有来世，如果神不是通常描述的那样爱惩罚不信神的、睚眦必报的，那么至少无神论者会有第二次机会。但赌上一切认定有来世的宗教信徒如果错了，就没有第二次机会了。

来世

有些人可能会说，如果没有来世，那一切都不重要了。奇怪的是，有些人用这种假设的事实作为来世真实性的证明：如果死亡是终点，生命就毫无意义；生命不能没有意义，因此一定有来世。

这个论证的缺陷在于，以生命不能没有意义作为前提，而这只能是一种断言。我们可能不能或者不会相信生命毫无意义，但正如之前看到的那样，我们自己的怀疑无法为信念提供理性的依据。如果生命本身毫无意义，那么我们不接受这个事实也不会让生命变得有意义。

这就给来世留下了两个严肃的问题。其一，是否真的有来世？其二，如果没有，生命还能有意义吗？或者说，是否有了来世，生命就确实有了意义？

对来世的信念只能以信仰为基础，因为理性论证成立所需的证据以及理由是缺失的。我们手中有关来世的唯一证据就是那些自称见过死者或者与死者交流过的人的证词。然而，这种证据在法庭这种逻辑严密的场合毫无疑问是站不住脚的，从理性的角度来看也不可信。这是真的，也是意料之中的，确实很难否定少数类似的主张。在无数据称与另一世界进行过沟通的事件中，肯定会存在少数离奇的巧合以及碰巧猜中的情况。但生者如果真与死者进行过沟通，我们一定会遇到更多更精确且以其他方式无法解释的例子。事实上，这种例子非常稀少，这就表明它们不是真的，而都是伪造、猜测以及巧合。

但毕竟少数声称与另一个世界沟通过的人提供了死后仍存在生命的证据。如果相反的假设证据极少，这也可能无关紧要，但我们对人类所知的一切都表明：人类是生命有限的生物，身体死亡就不复存在了。因为我们与身体之间的连接太过密切，可以说"人类本质上是暂住在身体里的非物质性灵魂"。这种说法似乎不成立。在思考思想以及大脑活动之间的必然联系时，这一点就非常清楚了。所有证据都表明，一个工作正常的大脑能使我们得以思考。因此，死后能够在某个超验领域继续思考的说法与我们所知的有关人类本质的事实并不一致。

我们还可以更进一步说，就像没有充分证据证明已经死去的人的生命还存在一样，这个观念本身就存在矛盾。我们要问的问题是死后的生命是一种怎样的存在？然而所有的可能性都存在问题。

死后的生命通常会被想象成离开身体的灵魂，其继续独立地存在。这个观点的主要问题是，没有理由认定确实存在这样的非物质灵魂。即便存在，这种完全不属于人类的生命形态如何能够成为我们人类本身存在的媒介？这依然是个谜。我们是具备形体、有性别的生物，能够使用语言，可以阅读、倾听并与他人互动，这似乎并不只是我们这种存在的偶然特点。生命以没有形体的灵魂存在，与我们现在拥有的生命存在形式是非常不同的，这种死后的生命如何能成为生前生命的延续我们还不清楚。不如说，我们死后会以某种非常不同的实体出现，这种实体与活着时的我们之间的关系从根本上是断开的。也就是说，在我们死后会有某种东西继续活着，但这东西是否就是我们却难以说清楚。

如果我们回应说来世是身体的完全复活，就像某些基督徒坚持的那样，那么我们就仅仅只是延续了自身的世俗生命，以及其涉及的衰老、脆弱和最终死亡的情况。这只是提供了一个暂时的延伸，这种生命如何才能有意义依然是一个问题。

就算我们无视死后的生命会以什么形态出现这个问题，也会有其他问题困扰我们。我们的自我意识似乎基本上扎根于我们的思想、人格以及记忆之中。时间会侵蚀连接当前的自我意识与前身的链条。20年前的我与现在的我非常不同。因为这些变化是逐渐发生的，而生命相对短暂，但我们至少还能将自己的成人时期的生活视为完整的叙事。不过，如果我们的寿命远不止70年，那最后我们会不会变成有不同人格重叠的人，而不是一个可以识别的生命个体？如果再过200年我还在世的话，我要怎样确定200年前的"我"和现在的"我"是同一个人呢？200年后的我已经发生了变化，能够记得的关于现在的记忆也少之又少。

所有问题最终都归结为一个关键难题：当我们思考自己是什么样的存在时，我们只能想到自己是"具有形体、寿命有限的人类动物"。这并非是决定性的论点，但当你将这一点与来世缺乏证据以及毫无疑问人类终有一死这件事一起思考时，你会发现，人在死后继续存在的可能性似乎微乎其微。因此，在来世发现生命的意义是徒劳的。

那么这是否就意味着生命没有意义？本书就是从某些方面反驳这种主张的。很快我们就会看到，不用假设有来世，还有各种方式能让人生看起来具有意义。

然后，直面来世对人生意义来说是必需的这种说法依然值得审视。因为我们有几个理由警惕这种说法。其中一个理由是：相信有来世只是让我们不再去考虑"生命如何才有意义"这个问题。就像我们在上一章看到的，在某个时间点，生命本身就必须变得值得过下去。假设生命的意义在此生是个谜，到来世就能变清楚是很奇怪的。如果某人想象自己死去，之后在另一个世界醒来，那么这怎么能解决生命意义的问题？最终，你可能会喊"我终于明白了！上一世的意义就在于还有下一世！"这又引出另一个问题：第二次生命的意义是什么？

另一个理由是我们不清楚生命的意义如何受到生命长度的影响。累积更多有价值的东西可能会让生命更有价值，但如果某样东西一开始就没有价值，仅是数量增加又怎能使其变成值得拥有的东西？永恒的生命可能最后变成最没有意义的东西。如果一件事你明天也能轻松做，那么今天做又有什么意义？就像阿尔贝·加缪在《鼠疫》一书中说的："世界的秩序是由死亡塑造的。"总有一天生命会结束这个事实在驱使我们行动。

那么，也许对永恒生命的渴望及其可能性都是我们要质疑的。伯纳德·威廉姆斯在《马克罗普洛斯案件》中指出，活得太久可能会让人感到"无聊、漠不关心、冷淡"。威廉姆斯这篇文章的出发点是卡雷尔·贾佩克的同名戏剧,故事以一个靠某种永生血清活到342岁的女人为中心展开。最终,她决定停止使用那种血清,因为其将自己延长的生命视为一种诅咒。发现真相的人同意了她的看法并且烧掉了血清的配方。威廉姆斯颇具哲学意味地阐释了这部戏剧的寓意,即人类不适合永生。

鉴于此,我们可以认为,死后的生命能为人生提供一种无法通过其他方式获得的意义的看法是不正确的。生命必须有限才有意义,如果无限的生命能有意义,那么此生也能有意义。

艰难的超验之路

我们现在将关于神和来世的讨论相结合,看看相信或不相信其中一种或两种形式的超验实体是否会影响我们对生命意义的看法。

如果神存在且没有来世,那么神的存在就和生命的意义没有关联了。无论神的意图或设计是什么,都要由我们来给自己的生命赋予意义,由我们接受或者拒绝神预先的设定(假设我们知道这个设定是什么)。

如果神存在且有来世,那么我们可以在信仰上来个大转变,相信神会在他认为适当的时刻让我们看清生命的意义。这样做存在一个问题,即信仰是有风险的,而且没有理由认为来世一定存在。所以,相信神会帮我们弄清楚生命的意义,等于为了一个缺乏理性基础的前景,放弃对可能只有一次的人生意义的追寻。

那么假设没有神,但却有来世呢?既然我们无法确定是否如此,我们的立场就与假设没有神也没有来世时无区别。无论是哪一种情况,生命的意义都必须在度过人生的过程中被找到。而要想使任何行动都完全值得尝试,终有一死的未来是必要的。唯一不确定的是我们的寿命会有多长,就我们所知的来看,认为生命会在身体死亡之后一直存在是鲁莽的。

这一切指向这样一个事实,即我们还必须做一个根本性的选择。如果我们保持希望,认为某个超验实体能提供生命意义的钥匙,那么我们就不能采取折中的态度,我们需要同时相信有神和来世的存在,只有这样才能继续保持希望。认为宗教教义中没有讲清楚的生命的意义将会由某位关心我们最佳利益的神在适当的时候为我们揭示。这么做要求我们接纳一种在许多方面都与理性思维相悖的非理性的信仰。这么做并没有为我们的生命提供意义,而是将希望留给某个尚未被揭示的意义。正如克尔恺郭尔敏锐地观察到的那样,信仰之路并不是一条轻松而又使人安心的路,而是一条困难且让人不安的路。这也是为什么克尔恺郭尔将他对信仰的伟大沉思命名为《恐惧与战栗》。

那些没有信仰的人是否有任何理由去追寻信仰?我们手中的证据表明我们只有一次人生,有许多理性的论证都反对关于来世的信仰，它们似乎都指出，我们有在唯一的人生中找到意义的需要。但我们不是只靠理性论证而立足的。就像本章开头引述的电影导演鲁卡斯·穆迪森的观点，许多人认为不存在任何能救赎可怜人的超验力量，这种观点是让人难以接受的。这种观点本身就足以激起人们对信仰的向往。但对无神论者来说，这只是人性弱点的一个表现：我们面对世界上令人不安的真相时是无能为力的，这也显示出我们希望在幻觉中寻找庇护的愿望。

不管是哪种观点，我们都可以明显地看到，被认为时间有限的人类生命并不存在让追求生命的意义变得不可能的因素。因此，不管人们是否对死后有来世抱有希望，审视现在这次时间有限的生命，看看有什么能使生命本身有意义依然是有价值的。我们对此生生命意义的可能性得出的结论也能用在任何一世可能有的意义上。

到目前为止，我们对人生意义的讨论更多集中在人生意义可能的架构上，而不是人生意义的内容上。主要的问题一直都是意义从哪儿来，而不是意义是什么。我们已经探讨过我们的起源、未来的目标以及超验领域，探究过它们之中是否有可以可靠地成为生命价值的来源。

在每一种情况下，对意义的探索都是从其他地方，在其他时刻开始的。但我们在每一种情况下得到的结论是：在某个时刻，我们需要找到一种本身就具有价值的人生模式，这表明终将结束的人生与任何其他人生意义一样，都是可以满足标准的。

这些思考为我们提供了一个框架，可以将造就有意义的人生的事情落实。扮演这一角色的候选者本身就要具有价值，而不能只是达到未来目的的手段。这些人生意义需要将每个人当作一个自主的"自为存在"，而不能只把他们当成服务某个超然存在动因的"自在存在"。他们需要满足我们的审美需求以及道德需求，因为人类既与此时此刻紧密相连，也是跨越时间的存在。而且，我们没有理由认为这种意义在此生找不到，而只能在想象中的来世寻找。

在接下来的6个章节中，我的重点会放在选择能够提供这种意义的领先者方面。我们将探索人们在考虑生命到底是什么时通常会提及的几种可能性。它们包括帮助他人、服务人道、保持快乐、获得成功，将每一天当成人生的最后一天来享受，以及解放心灵。在每一种情况下，我都将论证答案中存在的一些真理，但并不是完整的真理。

4

帮助他人

> 你可以得到你在人生中想得到的任何东西,但前提是你帮助了足够多的人得到他们想得到的东西。
>
> ——励志演说家金克拉,《金克拉销售大法》

帮助他人？

我第一次来伦敦时，想帮助一下这个城市里的流浪者。我和做这件事的某个学生团体第一次见面，这也是我们最后一次见面。他们的计划有两个方面让我不明白。其一，这个团体没有与其他为流浪者提供更连贯和实质性帮助的机构协调过。不仅如此，在特定的日子，该团体还会出现在滑铁卢斗牛场购物中心分发食物，与露宿街头的人闲聊。其次，尽管他们说要帮助他人，但这些志愿者却大谈这些活动给自己带来的好处。帮助流浪者让他们感觉不错，并且认识到"无家可归的人与我们其他人一样"。有人一直到大学都不知道这一点，这让我感到不安。我发现自己怀疑这个学生团体实际上到底有没有帮到任何人，如果有，真正被帮到的又是谁？

当我们更宏观地思考利他主义在有意义的人生中的位置时，这样的怀疑就会出现。当被问到生命的目的是什么时，许多人会说基本上在于帮助他人。这让我们打破了"吃饭是为了活着、活着是为了工作、工作又是为了吃饭"这种无意义的循环。通过帮助他人，我们避免了个人存在带来的狭隘又有局限的顾虑，并且还通过帮助他人，成为更大的善的一部分。但当帮助他人变成我们自身生命意义的来源时，帮助他人会不会只是一种帮助自己的手段？

许多人觉得通过帮助他人，他们的生命有了意义和目的。比如说，特蕾莎修女说过："我睡去，在梦中，我的人生满是喜悦；我醒来，看见人生皆为侍奉。我侍奉，看到侍奉即是喜悦。"（当然，她真正侍奉的是谁或是什么是有争议的。）所以，从某种意义上看，帮助他人是否能够成为生命意义的来源这个问题，在特蕾莎修女及其他数以百万计的人那里得到了肯定的答复。不过，这还不是最终结论，理由有二。首先，如果帮助他人能够为生命提供意义，那么那些没有将大多数时间用在利他工作上的人就得知道如何做和为什么做。其次，我们得知道，做好事是不是让生命有意义必不可少的因素，或者做好事是否只是为获得满足感修建了一条可能的路。最后，完全靠别人对自己人生的主张来得到满足感是愚蠢的。毕竟，人们在做各种各样的事情时都会宣称自己是完全满足的，比如贩卖毒品、当色情片明星、在修道院生活、经营造纸厂、中途退学和努力融入学校等等。我们没办法听从人们所有的建议，所以我们需要考量他们的生活是否真的为我们提供了意义。

要找出一条能关联不同问题的道路，最好从我在学生团体时的经历所引发的问题开始：利他主义帮助了谁？为什么？

帮助他人就是帮助自己

哲学通常会问一些普通人认为根本没有必要问的问题，而这通常会取得哲学上的进展。这些问题中最令人恼火的是："你说的……是什么意思？"非哲学家认为自己很清楚字词的意义。当哲学家想通过获得字词的清晰定义来讨论一个术语时，非哲学家就会感到很恼火。但如果想让讨论的内容有进展，那么弄清楚术语的含义就至关重要。比如，如果你用"自由"一词来表示"没有政府的约束"，而我却用这个词表示"有能力过不会挨饿，生病也能得到较好治疗的生活"，除非意识到这一差异，否则我们对"自由"这个词的任何讨论都是目的不明的。

以上例子是为了说明对看似明显的事情提出质疑的用处。帮助他人是件好事，这点似乎是不言而喻的。比如，想想菲利帕·福特讨论过的一个案例：一对挪威夫妇收留了一个为了躲避纳粹迫害，从布拉格被送出来的犹太孩子。如果你还要问："为什么这是件好事？"那的确非常奇怪，因为你完全不理解答案会是什么。但这个问题可能会因为提问者不同的考量而被提出。也许你正在试图思考宏观上善行的本质。你想知道事情被分为好事和坏事的合理依据是什么。这个问题非常重要，因为不是所有案例都像犹太孩子的案例一样清晰。例如，英美军队2003年进入伊拉克，推翻了萨达姆·侯赛因的统治，一部分人认为这是一件好事，另一部分人则认为这是骇人听闻的犯罪。谁是正确的？尝试回答这个问题的一个方法是一问到底，弄清楚到底是什么让一件事被划分为善或恶。最好是从某件显然就是善行的事出发，就像那对挪威夫妇拯救犹太孩子一样，思考到底是什么让这件事成为善行，然后试着从这一点出发总结出一般性原则。

出于这些理由，当我们发现自己提出诸如"利他主义帮助了谁？为什么？"之类的问题时，就不应感到惊讶。针对该问题的两个部分的回答都是极具启发性的。

首先思考一下"利他主义帮助了谁？"。这个问题只是一个无谓的重复：利他主义帮助了那些获得帮助的人。许多人也认为，利他主义让提供帮助的人也受益了。确实，很多慈善团体以及志愿者组织在招募新成员和进行宣传活动时，会尽力展现这一点，强调行善在帮助别人的同时也能帮助自己。比如，我在篇幅只有一页的招募志愿者的广告中就发现了下面这样的宣传语："为什么不为他人做点儿事，同时也让自己学到一些实用的技能？""与来自世界各地的人一起生活（并且开心快乐）。""你可以真正让他人的人生发生改变，也能让自己真正有所改变。""在你真正改变他人生活的同时，你也能提高自身的职业技能。"

有些人认为这个事实会让我们质疑善行不是出于善意。为什么总是要把帮助他人和帮助自己联系在一起？善良的定义本来不就是要不考虑自身的利益吗？本章一开始就引用了金克拉劝告我们帮助他人的话，他正是靠着告诉他人如何让自己的人生成功而赚了一大笔钱。这是不是个巧合？

在某种程度上，18世纪伟大的德国哲学家伊曼努尔·康德支持了这些疑问。他论证说，人只有在做某件事纯粹是因为对道德法则具有责任感时，他的行为才能被视为是合乎道德的，因为他认为自己有责任去做正确的事。相比之下，有些人做正确的事是因为他们恰好就喜欢那么做，或者因为那么做让他们感觉良好，这就算不上是真正按道德规范行事，因为他们并不是受道德法则的责任感驱使的。所以他们所做的任何善事本质上只是碰巧做了正确的事，但他们不应该享有道德上的赞美，因为驱使他们去做这件事的并不是其对道德法则具有的责任感。

如果一个人认为道德的本质就是自觉且自愿地遵从道德规范，那么这个推论的逻辑就颇具说服力了。但如果我们回到利他主义到底帮助了谁，以及为什么要这样做这个问题时，我们就会发现，这种道德概念看起来有点儿奇怪。利他主义的重点的确在于帮助他人，并且正是因此，其才能变成好事。利他主义之所以是好的，主要原因并不在于它遵从了某种道德戒律。

在挪威夫妇和犹太孩子的例子里，还有一个转折既让人心寒但又具有启示意义。如果我们问，为什么挪威夫妇的善行是好的？"因为他们拯救了一条生命"这样的回答似乎合乎逻辑。但"他们做了一件好事是因为他们遵从了道德规范"这样的答案似乎就答非所问了。如果那对夫妇在收留孩子之前曾努力思考了很久，那么到底怎样才算是道德上正确的事？或者，如果他们纯粹是出于同情才救了那个孩子的话，那么我们会觉得他们更像是好人吗？该问题在故事结局揭晓时变得更加重要。德国人最终入侵挪威，盖世太保下令交出所有犹太人。这对夫妇对自己的道德责任是什么也努力思考了很久，最后他们得出的结论是应当服从德国当局。于是他们把他们似乎爱着的孩子交了出去，最后孩子死在了奥斯威辛集中营。此时我们会毫不犹豫地说，他们的结论是错的，但我们不能否认他们尝试过冷静地肩负起自己的责任。这里的错误似乎是这种希望尽责的意愿压倒了其他美德，比如说同情心以及爱。

那些讽刺"帮助他人使我们自己感觉良好"的人需要考虑另一种选择——冷静地遵从道德规范——可能是个太过严格的道德规范，并且不一定就是不会出错的，因为不存在所谓公认的程序来决定这些规范是什么。于是"为了道德规范本身而遵从道德规范"成了道德的终极目的，这时我们当然还要考虑行为良好所带来的影响。在某个时候，我们需要关注自己的行为会造成怎样的结果，也要关注导致我们做或者不做某些事的决策过程。如果这些结果是重要的，那么人们是否因为做了善事而感觉良好就不重要了。确实，可能这正是最终让好事值得去做的其中一个结果。

因此，我们可以就此进入"利他主义帮助了谁，为什么？"这个问题，而不用担心那个帮助他人的人是否得到了任何好处。但在我们最终尝试回答这个问题之前，应该考虑一下谁应当被帮助。明显的答案是"需要帮助的人"。但为什么会有人需要帮助？有两个理由让我们帮助他人。其一是他们正因某种贫困而受苦，我们觉得这种贫困已经让他们的处境糟糕到无法满足基本生存需求的地步了。当我们帮助生病、饥饿或贫困的人时，情况就是这样。其二是我们想帮助那些勉强生存的人过上更圆满的人生。这可能是因为我们手里的资源超过了我们的需要，而且觉得自己的一点儿财富、陪伴时间或专业技能对其他人的价值远高于对自己的价值。为了帮助有需要的人而一天少得一块钱，我们可能不会在意，但是这笔钱可能会大幅改善那个人的生活。

为什么这两个理由都是帮助他人的好理由？答案必须至少涉及下列原则中的一个，在所有条件都相同的情况下，一个人的生命与另一个人的生命同样宝贵。如果挨饿对我来说是坏事，那么对其他挨饿的人来说也是坏事。如果勉强维持生存对我们和我们的家人来说是好的，那么对任何地方的类似家庭来说也是好的。道德冲动取决于我们对与他人相同的价值的某种认可。就像哲学家兼社会改革家杰里米·边沁说的："每个人都算作一个人，没有被当作超过个体价值的人。"

这与一般的"普遍性"道德原则紧密相关：如果某件事在某种特定情况下是对的（或错的），那么在其他类似情况下也是对的（或错的）。所以，如果我认为你对你的伴侣不忠是不对的，我也应该接受我对自己的伴侣不忠是错的，至少在相同的情况下是这样。如果我认为世界上的其他国家对我所在的国家正遭受的饥荒视而不见是错的，那我一定也认为我所在的国家不应该对正遭受饥荒的国家视而不见。在康德的体系中，这意味着要遵从以下通用规范："仅遵循那种你也希望能够成为普遍法则的准则。"

帮助他人

当我们问利他主义帮助了谁以及为什么时,这一切就很重要了。利他主义主要帮助的是有需要的人,因为这能使他们摆脱窘迫的状态,或者生存质量变得更好。这对所有人来说都是好事,而不仅对生存质量较差的人来说是好事。因此,较高的生存质量对提供帮助者以及被帮助者来说都是好事。提供帮助者没有处于贫困之中,被帮助者脱离了贫困。

这里应该搞清楚的是,帮助他人不能成为生命的目的,因为帮助他人只是达成目的的一种手段,我们帮助他人主要不是因为帮助这种行为本身是好的,而是为了满足他人迫切的需要,或者为他们提供更好的生活。

想想如果这样说不对,而帮助本身就是好的且能够赋予生命意义,那又会是什么情况,整个逻辑就很清楚了。坚持这个立场会引来至少 3 个问题。

首先,我们将会处在一个奇怪的立场,即做好事对利他者最有利。如果生命的意义在于帮助他人,那么只有那些提供帮助者才能过上有意义的生活,被帮助者只是提供帮助者达成人生目标的工具。这就把利他主义颠倒了:帮助他人不会"只是恰好"帮助了提供帮助者,而是变成"全是为了"提供帮助者自己。

许多煽情的电影积极颂扬"利他主义"对提供帮助者的救赎,很少关注应该受到帮助的人。比如,巴瑞·莱文森导演的《雨人》就是这样,影片主要讲述了查理(汤姆·克鲁斯饰演)如何从自私的利己主义者转变为富有同情心且能感受到他人情感的人。他学着关心他患有自闭症的哥哥雷蒙（达斯汀·霍夫曼饰演），通过这种方式，他得到了道德上的救赎。在影片中，由于雷蒙不受弟弟或其他人情绪的影响，因此查理学会关心别人就是在帮助自己。这是个极端的例子，关心是让付出关心的人找到生命意义的一种工具。

以这种本质上利己的方式来看待利他主义要求我们有一种非常奇怪的世界观，这种世界观会进一步削减那些被帮助者的尊严，因为这种观点从根本上剥夺了他们自身生命的意义。要想让所有人的生命都有意义，我们就需要彼此帮助，进入某种利他主义永恒的循环之中。但这似乎就偏离了利他主义的整个要点。利他主义的目的不是参与帮助他人的活动，而是提供真正的帮助，否则我们最后就只会陷入"帮助"一个不想过马路的老人过马路这样的泥潭。只有帮助产生了一种人们想要的结果时，才算是帮助。

如果我们将利他主义视为生活的目的，那么我们就会遇到第二个问题：如果利他主义取得成功，那么其本身就会变得多余。帮助他人涉及满足他人的需求，但如果这些需求确实都得到了满足，那么对利他主义的行为就没有进一步的要求了。对那些认为满足这些需求是我们终极目标的人来说，这不是问题。但如果帮助他人的过程本身是我们的主要目标，那么我们就会处在一个奇怪的位置，即如果我们在帮助别人这件事上做得太好，我们就可能有自己的人生完全没有意义的风险。利他主义要取得成功，就必须消除其本身的目的。

这个悖论在心理学上有个类似的情况，其通常被称为"依赖文化"。在一段帮助关系中，如果帮助的动态变化会让其中一方（或双方）开始依赖这段关系，这就属于依赖文化。最明显的例子是有些人会依赖志愿者或国家的援助。但是依赖文化也可能反过来：提供帮助者需要借助他们救助的人来使自己扮演某种角色以体现其重要性或价值。当这种情况发生时，与提供帮助者本来明确的意图相反的是，他们实际上并不想让那些被帮助者独立。这显然是病态的，而且虽然不应该夸大这种情况的普遍程度，但这并不罕见。不过，这的确生动地说明了，将利他主义当作生命意义的来源会扭曲我们对生命意义的看法，并且让我们看不清一个事实，即帮助的需求消失而非持续存在才是利他主义最成功的时候。

认识到人人拥有平等的价值，以及相信使他人摆脱迫切需求或使他们过上体面的生活是一件好事，这两点共同构成了利他主义动机，当我们记住这一点时，就出现了第三个问题。这个清单中的最后一项如果没有，我们就剩下一个非常简单朴素的愿景，只要人人都能刚好吃饱，能刚好维持生存（虽然这本身显然就能被视为一种成就），那么这个世界就是美好的。这么看，我们真正想要的是人们能享受较高品质的生活，而不只是每天勉强生存。通常，在采取利他行动时，我们都被一种希望驱使，即让尽可能多的人不但能生存，而且还能过上很好的生活。

因此利他主义在某种程度上是对以下价值观的肯定：可能的

话，每个人都应该过上圆满的生活，免受饥饿和疾病困扰。不过，如果利他主义者一开始就认为帮助他人这件事"本身"是其人生中最重要的事情，那么他实际上破坏了利他主义本身支持的价值。人怎么能够一边说每个人都应该过着圆满、不受苦的生活，同时又认为对自己来说，帮助他人比过这样圆满的生活更重要？他认为对其他人重要的事对自己却没那么重要。如果他对自己和其他人应用的道德规范有双重标准，那么他就犯了前后不一的错误。

这不是为自我中心主义辩护，因为我并不是说将个人利益放在第二位一定会造成矛盾。例如，我们可以说，因为每个生命都是同样珍贵的，如果某人发现牺牲自己的福利可以造福许多人，那么这个人选择牺牲自己就是完全没有矛盾的。这并不是说他不认为自己的生命也应该免于受苦，而是接受了其他人应当免受苦难，不如就把牺牲自己作为让其他人得到最佳结果的最有效办法。

这表明了有时牺牲个人利益的确是正确而且恰当的，但这并不表示牺牲自己的利益去帮助他人是最需要做的事。理想的做法是包括我在内的每个人都能享受高品质的人生，因此理想是帮助他人变得不再有必要。这不是否认自己的生命在某些时刻该被牺牲，而是承认这确实是一种牺牲。换个角度来想，即如果生命意义的核心是帮助他人，那就与个人实践利他主义时希望推广的价值矛盾了。

真理的萌芽

通过很多不同的方式，我们已经看出"帮助他人便是人生的终极目的"这个信念肯定是错的。因为我们必须将"改善其他人的命运"这一利他主义的目的与利他主义的实践从根本上区分开来。将利他主义本身视为人类生命的目的等于混淆了目的与手段。

尽管这样，认为帮助他人是人生意义的一部分的直觉还是有价值的。为了结束我的讨论，我想尝试找出这些真理，而不是一直强调将利他主义视为最重要的价值是错误的。

讨论的结果是一个到目前为止大家感觉很熟悉的论点。有很多人发现，帮助他人能够赋予生命一种目的感。确实是这样，利他主义唯一不矛盾的目的也确实是改善其他人的生活。这两个事实并不是毫无联系的。为什么人们会觉得利他主义是有目的的？原因是我们意识到"让所有人过上更好的生活"本身就是好事？难道不是这样吗？让人从贫困或饥饿中解脱，过上"正常"的生活，独自或与朋友、家人一起享受美好的时光，这是好事，因为这种生活是好的。这么看来，终极目标似乎就是让生命变得美满。对习惯想象生命的意义就是存在某种高尚理想或具有重大奥秘的人来说，这显得太世俗了。不过我们的讨论似乎渐渐表明，所有通往生命意义的道路都蕴藏于"简单的生活"本身。

第二个积极的结果是，我们大多数人从利他行为中得到的良好感觉确实表现出了某些东西。每个人是不同的，所以我不想进行概括，但我认为这与我们作为社会性动物的本性有关。对绝大多数人来说，如果我们在关注自身命运的同时也关注他人的命运，生命就会更充实。伯特兰·罗素在其著作《哲学问题》中说过，对只将自己包裹在狭小世界中的人来说，他的人生会有某种幽闭恐惧症的因素。当人的眼界受到很多限制时，就很难自由自在地生活。如果我们没有将小问题整体放在极端的人生命运的变化中来审视，就会放大小问题的重要性。对他人的积极关怀在某种程度上能让我们脱离这种狭隘的焦点，让我们以及我们所帮助的人都能够拥有更圆满的人生。

不过，利他主义不仅仅是从唯我主义的恐惧中逃离。将自己与他人命运相连也是一件好事，其本身就具有价值。而且对很多人来说，与其他人接触是绝对必要的。因为少了这类接触，人就会逐渐消沉下去。一份 2003 年的市场调查报告有惊人的统计结果，英国有 47% 的人声称过得非常快乐，而在与一个或更多人同住的人中，这个比例增加到了 62%。

当然，这并不是否认有些人喜欢独居，也不是说独居是不好的。18 世纪的法国哲学家狄德罗"唯有邪恶之人才独居"的说法当然太过夸张。但对人类来说，社交活动是保持活跃的精神面貌的关键。帮助他人是生命意义的来源，这几乎可以称为真理的其中一个理由。关注他人、与他人往来，都是有意义的人生的重要组成部分。

我将提出的第三个，同时也是更冷静的论点是，我们通常会在利他主义中看到价值反映的一个真理：在追求有意义的人生时，有时候可能必须牺牲个人。我们已经看到，利他主义的关键前提是所有人生命的价值都是平等的，而且这些生命都应该尽可能活得充实。如果一个人真心相信这一点，那么在某个时刻，他就有可能牺牲自己的利益甚至生命，去创造一个更多人有机会过上好生活的世界。虽然把自己的生命看得不重要，同时又重视他人的生命价值是存在矛盾的，但是在他人处于危机时，自身利益可能并非是最重要的，二者却完全不存在矛盾。放弃自己的生命以便让其他人有机会过得更好是一种牺牲，但在"活得好，免于受苦"这个简单的前提下被认为值得做出的牺牲本身就是好的，而无须考虑需要珍惜的是自己的生命还是别人的生命。

这一点值得强调，因为我们一直重复提的，人生本来就值得过的观点可能会被错误地解读为自我意识强烈且肤浅。情况不是这样的，因为这一主张并不是说"我的"生命本身值得继续下去，而是"人类的生命"（可能还包括某些动物的生命）值得继续下去。只要我们接受了这个主张，就必须接受利他主义的主张。

帮助他人因此不能成为生命本身的意义。但是帮助他人在本质上与有意义的人生是相互关联的，因为它是以"生命本身是美好的"这一观念为前提的。如果这对某个人来说是真的，那么对所有人来说都是如此，所以我们有理由去帮助他人。因此，利他主义并不是生命意义的源头，而是过有意义的人生所要求的东西。我们只需要记住：帮助他人的目的在于带给别人好处，而不是为了做善事而做善事。

5

为了更伟大的利益

> 「这是一个人的一小步,却是人类的一大步。」
> ——1969 年 7 月 20 日,尼尔·阿姆斯特朗评价他的登月活动

为了物种的利益

阿姆斯特朗并不因其是一个利他主义者而举世闻名。当他成为第一个踏上月球的人时,要说他因此帮助了其他人就很奇怪。尽管如此,在他那句值得纪念的名言中,登陆月球确实象征"人类的一大步",这是我们这个物种在能力以及成就方面取得的重大突破。

美国每年在太空计划上花费大约150亿美元。评论家说,这么多钱能够资助很多医院、学校或者社保系统。但这项计划的支持者认同阿姆斯特朗的说法,因为拓展人类的知识和领土边界对全人类来说是必要的,这是在为我们的最高成就做贡献。的确,我们可否进一步说,除了为物种的发展做出贡献,人类生命可以没有更高尚的目的和更伟大的意义?

这一观点与前一章讨论过的人生意义的利他主义概念有一些共同之处。两种观点都是将个人利益排到第二位,但这里有一个关键的区别。利他主义的重点是帮助个人,有时候是一个一个地帮，有时候是大规模地帮。就"物种的利益"这一观点来看，应该获得帮助的不是个人，而是完全不同的另一种实体，即人类这个物种。

这看起来并不是很大的变化，毕竟一个物种不就是所有个体的集合吗？但实际上有很大的区别。它要求我们对基本的"价值单位"有一个非常不同的看法，对利他主义者来说，价值的基本单位是人类个体的生命，因此做善事就是帮助个体。如果从整个物种的利益出发，价值的基本单位是整个物种，那么某人可能对整体做出了贡献但没有帮助到个体。比如，想想为什么登上月球对物种的发展做出了贡献是说得通的，而认为这件事能够帮助个体就几乎说不通了。当阿姆斯特朗离开登月舱时，人类迈出了一大步，但对地球上的人类个体来说，登月就算能让人生活得更好，也只是对少数人而言。

将整个物种而非人类个体视为基本的价值单位，会让人认为生命的目的本质上与个人利益不同，利他主义则与这一观点截然相反。我在前一章中说过，利他主义要想真正帮助他人，个人的福祉必须成为终极目标，也就是说，利他主义者的利益与受到帮助者的利益同样有价值。这就在施助者和受助者之间创造了一种价值平等，而"更伟大的利益"服务的对象实际上是个体福祉的集合，而不是与之不同的其他东西。

可如果以整个人类作为基本的价值单位，那么在所提供的福祉以及那些提供福祉的人之间就存在某种不对称。为人类的福祉着想不仅仅只是为了帮助个人，比如自己。这意味着某人对全人类肩负的责任，并不会引申到某人自身的福祉上。全人类的利益可能是一种真正的、更大的利益，而对我们人类同胞来说，利益只是单个福祉的综合，其并不比我们自身的利益更大。

这就解释了"我们应该为整个物种服务"与"我们应该为自己的人类同胞服务"之间的区别。那么这能够让生命有意义吗？

没有所谓的全人类

玛格丽特·撒切尔在担任英国首相时说过一句名言："不存在'社会'，而只存在单个的男人、女人以及家庭。"虽然没人把她当作哲学家，但她的话自信满满，触及了哲学研究中本体论这个棘手的领域，即"某物存在"到底是什么意思。

撒切尔的本体论主张缺乏清晰的理论架构。也许她认为唯一存在的东西是具体的"个体"——在这个例子中指的是单个的人——任何以这些个体组成的其他事物都只是一个"构建体"，而不是"真的"存在。但如果她是这么想的，那么为什么她会说家庭是存在的？毕竟，家庭只是个人的集合而已。既然家庭和社会都是对个人的安排，要是真有家庭这样的东西，为什么社会这种东西不存在？

我们先不谈家庭，按照撒切尔的逻辑，可以说不存在全人类这种东西。毕竟全人类也只是单个人的总和，是这样吗？

可惜，本体要比这个复杂得多。实际上，由于这个问题太复杂，以至我们没有办法在这里做进一步的讨论。不过，我们可以大致说明，如何从本体论的角度思考"物种"这类事物，使其区别于其中所包含的个体，而不必将它们视为怪异、非物质性的实体。这里我们遵从的是哲学家德里克·帕菲特的"国家"本体论模型。在他的当代经典著作《理与人》中，帕菲特将诸如国家之类的实体的存在划分为三种模型：

1. 一个国家的存在只涉及其国民的存在，国民以某些方式聚居在该国的领土上。
2. 一个国家只是国民加上领土。
3. 一个国家是不同于其国民以及领土的实体。

帕菲特认为模型1和模型3可能同时为真。也就是说，国家只需要有以某些方式聚居在一片领土之上的国民就能存在（模型1）。但这类国家与国民及领土之间是存在区别的（模型3）。这么说的主要理由是：对国家来说为真的表达，可能对其国民或领土不适用。比如，一个国家可能因为外国强权要吞并它而面临亡国的危险，但这个强权可能不会威胁消灭该国的国民或摧毁其领土。外国强权可能寻求完全和平地吞并这个国家。因此，对一个国家来说为真的情况不一定适用于其国民和领土。但这不是因为国家的存在除了要求国民以某种方式聚居于其领土之上，组成一个国家，还要满足其他条件。国家不是一个"超过并高于"其国民以及领土的单独实体，但其可以与它们区分开来。第二种模型将国家描述为只是国民加上领土，这实在是太简单了。

同样的模型也适用于物种：

1. 一个物种的存在只与其中个体成员的存在有关。
2. 一个物种只是这些个体成员的集合。
3. 一个物种是与其个体成员有所区别的实体。

同样，虽然模型 2 太过简单，但是模型 1 和模型 3 也可以同时成立。为了让物种存在，你只需要物种中的个体成员。但我们必须将物种视为不同于这些个体成员的实体，因为对物种来说为真的事情，不一定适用于其中的成员。比如作为一个物种，人类蓬勃发展、数量庞大，控制了地球的大部分区域，并且还在不断发展。这些都可能为真，即使大部分人类并不接受这种说法也不会改变这个事实。因此说人类这个物种正在蓬勃发展是对的，但要说所有地球上的人都是这样就不对了。这是因为一个物种的兴盛与一个人的兴盛是不同的。

这段简单的讲述只触及了深奥且有着无数问题的本体论的表层。但这至少让我们总结出了一个说得通的关于物种的概念，同时也让我们明白，这个概念与个体的人的总和有着极大差异，我们也不用将物种想象成某种奇怪或神秘的东西。现在的问题是：

为什么我们应该觉得，服务于这种实体可以给生命提供意义？

人类整体先于众多个体的人

生命的意义在于促进整个物种的福祉这个概念有时候得靠进化论来论证。但这是支持这一观点的很糟糕的方法。我们在第 1 章中看到人类作为不断进化的生物的事实并不一定能指导我们现在的生活，也无法说明生命可以给我们怎样的意义。

但即便忽略进化理论应该包括如何生存的描述这个思维错误，进化就是物种发展这种主张也是不科学的。许多进化理论专家现在都同意理查德·道金斯的说法，即自然选择的基本单位，也就是自我利益的基本单位，既不是物种，也不是群体，严格来说，甚至不是个体，而是基因这一基本的遗传单位。大多数不认同道金斯观点的人认为，自然选择的基本单位应该是个体，而不是物种或基因。这表明，即便我们允许自己随便使用"进化的目的"这个概念，但最后还是会转而谈到基因或个体，而不是物种。

认为进化因此证明了我们的目的是使物种得到进化的观点有两个错误：从一个不带道德内容的理论（进化）中寻找道德指导，然后又将那个理论应用于整个物种，而实际上这个理论只适用于基因或者个体。

进化论可以应用于社会层面的观点在19世纪后期因为赫伯特·斯宾塞和安德鲁·卡耐基等人而流行过。他们认为"适者生存"意味着要想让社会健康发展，就必须淘汰弱者，并且允许强者发展。尽管有些人企图将当今的进化心理学家描绘成斯宾塞和卡耐基理论的继承者，但这个观点一百多年来不断遭到反驳，现在也不应该将其认真对待。

因此，人生的目的就是促进物种发展的观点是没有科学依据的。那么，还有什么可以支持这种观点？

另一种我们需要反驳的观点是：我们应当从实现某些目标的可能性的基础出发，去支持整个物种的发展。依照这种观点，我们需要以过去的成就为基础，带领全人类迈入更好的未来。实现这个目标的方式有很多，例如拓展知识或成就的边界，或抚养孩子长大成人以保障我们的社会持续发展。

我们在审视"为什么／因为"式连续问答时，可以看到这一推理逻辑与第2章中的问题存在冲突。这样一来，当我们问起为什么应该做某件事时，答案永远是为物种的进化做出某种贡献，这表明我们朝未来的终极目标迈出了一小步或者一大步。但正如我们看到的那样，人们总是要为这一系列论证找到一个终结点，否则最后将没有目的可言。因此问题是：什么样的人类未来乌托邦本身具有如此之大的价值，能够使这个观点说得通——我们为了创造它而将数百万年的人类进化与发展只当作实现目标的手段？

认为人类的生命在未来的乌托邦会变得圆满，这和把上天堂或到达人类的未来与生命的圆满联系在一起的观点几乎是一样的。在这两种情况下，田园牧歌般的未来可以提供让人类生命蓬勃发展的环境。如果这是一个值得为之努力的目标，那么我们要说，使人类过上圆满而又蓬勃发展的人生本身便是一件好事。因此，我们再次发现自己的推理思路应该能引导我们得出这样的结论：生命现在就可以有意义，因为圆满而又蓬勃发展的人生是现在就可能实现的。

天堂和乌托邦所能够提供的保证是现实生活不能提供的。人生可能出差错，事情或许会有不好的结果。我们可以努力过上充实而值得的人生，但总有些事会干扰我们。然而在乌托邦，一切都不会出错。不过这并不意味着值得过的人生只可能存在于乌托邦，这只是表明，这样的人生并不能保证在此地此刻实现。所以，在一切都可能出错的前提下，正视在此地此刻实现圆满和有意义的人生的可能性需要一些勇气。因为一旦出了错，就没有第二次机会。由此产生的，纠正偏差的责任可能让人难以接受，或许这就是我们宁愿认为生命的意义在此地此刻是超越我们的掌控的。萨特式的自欺欺人理论还有另一个例子，我们宁可认为我们无法掌握全局，也不愿接受自己也有话语权这个事实，然后就屈服在真实世界的种种限制之下。

在任何情况下，如果我们希望某种未来的乌托邦能够成真，我们注定是要失望的。这不只是因为乌托邦不可能实现，还因为即使认为有这种可能也会导致灾难性的后果。

我们只需要思考一下，是什么一开始让东西有价值就能够明白，为什么认为这些抽象概念非常有价值是错的。我们通常最重视的是现实世界的某些方面，只有通过感受、智能或意识才有可能使这些方面成为可能，我们也才能够欣赏它们。比如美是有价值的，但不管美是否在观看者的眼中，都只有那些有能力发现美的人才能欣赏它。爱也并非石头或棍棒所能够感觉得到的。观念需要有智慧的思维去创造和检验它们。

因此，"动物福祉"这个概念是可以理解的，而"植物福祉"的概念却难以理解。说狗过得好不好是合理的，但说一根胡萝卜过得好不好就是胡说八道了。如果农作物歉收，蔬菜就过得不好。但这样的表达只有在谈到与我们一样有知觉的生物的好与坏时才有意义。

但"物种"并没有知觉，它没有感受、意识或者智能。当然，物种中的个体成员有上述感知，但整体则不具备这些感知。有些人认为物种或生态系统之类的事物有一种集体意识，但这也仅仅是猜测，并且还是非常缺乏根据的猜测。我们因此必须问一个问题：为什么我们应该觉得"整个物种的利益"本身是有价值的，而且价值大到如果进一步将其延伸，就能够赋予生命意义？物种本身缺乏感受，对自身的福祉似乎也不关心。我们可以关心其福祉，但为什么我们更注重整体，而不是个体成员？这让人有些困惑。如果我们这样做，就可能面临最终陷入乔治·奥威尔在讽刺小说《动物农庄》里所描绘的处境："不知道为什么，反正农庄似乎已经变得富裕了，但动物们自己却并没有更富裕。"

超越

对于"我们存在的目的是为了使物种得到进化"这一观点,如果其论证的基础是乌托邦在未来终将实现的承诺、社会达尔文主义的伪科学,或者把物种这个抽象概念看得比其中的成员更重要,这些错误都会让论证失去说服力。那我们应当如何解释这个观点的吸引力?或许它的吸引力就在于其承诺了一种不需要超验的超越感。我说的"超验"指的是超过或凌驾于物质世界之上的领域。但谈及"超越"时,我要说的是没那么夸张的事情。超越感只是脱离个体和主观存在的限制,在某种程度上参与到某种更大的事物中。这就是指超越(凌驾于)我们作为有限个体的本质。从这一点来说,克尔恺郭尔的道德领域本身就是通过摆脱审美个体的主观性与即时性圈套,有限地尝试"超越"的例子。

认为超越必须依赖超验似乎是自然而然的观念。我们通过来生超越自己有限的生命,通过进入天堂来逃离这个物质世界。但对越来越多的人来说,相信这样的超验存在似乎并没有什么很好的理由。即便如此,似乎的确存在某种渴求超越的人类冲动。

有些人会说,这一冲动要求得到满足。举例来讲,大卫·库伯说过,他所谓的"原始"或"无报偿人本主义"的确让人难以忍受。原始人本主义指的是生命"不依赖于任何事物",除了人类的思维和实践,知识与价值并无其他基础。库伯认为这种信念是不能存续的。只有认识到我们的生命以及信念在某种意义上对自身以外的某事物负有责任，我们才能忍受存在。这是我之前已经描述过的那种超验：某种不一定是一个超验领域或超验存在的事物，它大于我们自己，我们的信念以及实践都对这个事物负责。

库伯的论证很长，内容非常详细，我在此无法将其概括。我要说的是，库伯描述的广义"原始人本主义"的立场非常极端，在各个方面都将"人当成衡量万物的尺度"。我们的确有可能论证，即使是萨特这样的人本主义先驱都认为，在某种意义上，人要对大于自身的某种事物负责。比如为了要在善良的信念下生活，我们自身的信念就要对世界的实际状态负责。但即使库伯就原始人本主义让人无法忍受这一论题进行的论证是对的（不过我不认为是这样），要避开它然后达至某种程度的超越，我们需要的也只是"对自身之外的某种事物负责"这样的信念。这里的"某种事物"可能指的是客观世界，我们对知识的要求会在其中被衡量。

很多人认同库伯的观点，认为在某种意义上我们需要超越感。但我不清楚，就算这种需求真的存在，因此产生的需求怎么可能获得满足。人类对这种超越感的渴望可能是徒劳的。但就算不是这样，我们也绝对不能认为这种需求要求我们必须假设存在一个超越自然的超验实体。

这与"为人类服务可以让生命有意义"之间有什么关系？为了整个物种的利益，可以提供一个实现某种超越的机会，同时还不需要假设超验的存在。这是因为我们之前说过，物种与个体的集合是不同的，而不是因为物种是某种"超越并凌驾于个体之上的存在实体"。也就是说，物种超越了个体，但并不属于某种幽灵般的超验领域。所以让我们的人生目的依附在整个物种的目的上，这是超越我们有限个体的本质的一种方法。我们会为了整个物种的命运而放弃自我实现。

生命的意义要求我们放弃自身的个体性的这种观点十分有趣，我会在第 9 章讨论。不过，现在虽然能看出这种应许的超越感在心理上有吸引力，但还是看不到为什么物种的价值大到我们应该为其放弃一切。物种可能是某种超越我们的东西，但我们已经看到，这不一定表示物种的价值比我们更高，所以，让物种变成我们关注的重点似乎是误入歧途了，因为物种的价值不在于其本身处在什么层面，而在于其中的个体成员所处的层面。我们关注的应当是"人"，而不是抽象概念的"全人类"。

当蚂蚁的乐趣

无论之前我论证过什么，是不是都可以假设我们认为"物种的发展本身就是好事"的观点听起来有些道理？毕竟，就像我自己的论证明确显示的那样，某些事物本身就是好的。我们这个物种在这个星球上发展出了复杂的语言、意识和操纵环境的能力，这是独一无二的，且其发展的程度令人震惊。我们对自然的运作原理也有深刻的了解，此外还有许多其他成就。这个出色的物种大步向前发展本身难道不就是一件好事吗？

从物种自身的观点来看，不能说这是一件好事，因为物种本身没有观点。从中立且人性化的"上帝之眼"的角度来看，也很难看出为什么我们的发展能被视为绝对的好事。中立的观察者会看到人类在科技和知识方面进步的同时也造成了痛苦与毁灭。所以很难理解，人类这个物种的发展为什么是一件好事，好到足以为促成发展的一切生命提供意义。

所以问题不是"物种发展本身就是好事"这一观点的前后矛盾，只是要找出能够支持这个主张为真的好理由非常难。我们假设以下这个尚未得到论证的主张是正确的：对这个物种有利的事是真正的好事。难道这样的好事还不足以让每个为此做出贡献的人的生命有意义吗？

这里有一点很有意思：似乎没有事实可以证明"更大的利益"能让生命充分满足。想想动画片《蚁哥正传》的情节，蚂蚁Z（伍迪·艾伦配音）身边的蚂蚁都在很开心地做自己的工作时，只有它抱怨道："要是我应当为蚁群做所有事情，那么我自己的需要怎么办？"即使蚂蚁Z相信更大的利益是真正的好事，它可能还是会这样觉得。它可以完全支持蚁群的发展，但它认为自己的生命没有意义。更大的利益并不需要它。而其他蚂蚁对自己的角色和蚁群的利益有着相同的信念，它们可能对自己的生活相当满足。

没有一套严格的程序可以确定哪种贡献足以让蚂蚁这样的存在具有意义。确实，这似乎是一个个人印象非常重要的领域。比如有的人喜欢为他们相信的人或事服务，就算事情再小也愿意做。但相比那些给精神导师洗马桶都觉得非常激动的人，有人对自己作为大机器中的一颗小螺丝钉的状况并不满意。毕竟物种不是真的需要我们之中的任何个体。无论今天下午我是否活着，人类都会继续发展，对你来说可能也是这样。很少有人能凭一己之力就改变人类的历史进程。

有一个蝴蝶拍动翅膀导致地球另一处发生龙卷风的老故事，我们不能因为这个故事而感到安慰。有些人认为这个故事显示了我们不该轻易否认个人的重要性。小的活动能产生大的结果，因此我们都在不知不觉中扮演着某个重要的角色。但蝴蝶的故事其实并不能为我们带来任何安慰，因为其产生的混沌效应可能有好有坏，而且老鼠之类的微小生物也很可能产生和人一样的影响。要点在于，这种后果不是刻意为之，其是无法预测的，因此这些后果很难为行动提供诱因。这一切都表明，我们的行为有机会产生好或坏的结果，所以我们既可能让人类衰落，也可能使其兴盛。平衡地看，这样的随机影响可以相互抵消，因此我们再次得出一个结论，那就是我们完全是可有可无的。

如果将物种得到发展视为生命的终极目的，我们就变成了蚁群中的蚂蚁。我们拥有集体目的，但对个体来讲，只有我们中的少数——蚁后——才是重要的。踩扁我们之中的任何一个，蚁群还是会继续存在。我们获得的集体目的是以消除个体重要性为代价的。

更多真理的萌芽

从"将帮助他人视为生命意义的来源"的观念可以得出"帮助人类让我们的生命有目的"的结论,其中确实有一些值得保留的真理萌芽。

第一个真理萌芽是:虽然在这种情况下,对做出贡献的工蚁来说,"整个物种的利益"是一个太含糊又可疑的目标,无法为工蚁的生命提供意义。如果说我们可能会在更高的利益中找到意义,但我们个人不会从中受益,那么也没有矛盾的地方。毕竟,这就是让有些人愿意冒生命危险的动机所在。消灭欧洲的纳粹主义曾经就是一个许多人认为值得牺牲生命的目标。

这一点需要反复提到,因为在我的论证中,我确实强调了个人,这有可能会被误认为是在提倡利己主义。个人在两个方面是重要的:首先,个人必须能够认识到是什么赋予了生命意义,或者认识到什么是能为生命提供意义的权威;其次,个人必须做出选择,接受或者拒绝那种意义。这两个步骤——认识与接受——只能由个人来进行。所以,从一个非常重要的方面来看,生命的意义需要满足个体。但这并不表示生命的意义必须服务于个人利益,除非是在为人类提供意义这样的特定概念中。某人可以认识并接受某种生命的意义或目的，看到事物具有超过个人的价值，但这不表示某人认为自己找到了有意义的生活方式时，他就一定是对的。

第二个真理萌芽是：似乎存在一种广为存在（如果不是普遍存在的话）的人性冲动，让人想要实现超越。当人生只与我们个人的存在有关时，我们似乎并不满足。我们必须认识这种冲动，如果这的确代表一种需求，那就解决它。但这种冲动也会使我们误入歧途。我们不能假设只是因为我们感觉到了这种欲望，就可以使其得到满足。就算这种欲望能够得到满足，我们也不想仅仅因为它似乎提供了我们在找寻的满足，就接受某种生活方式或信念体系，当我们仔细审视它的时候，可能发现其基础就有错。确实，"新时代"的概念可能基于他们对某种超验事物的承诺，但那些概念本身也基本上是没有意义的。

这两种合理的可能性——超越个人并且服务于更大的利益而非自身福祉——为前一章中讨论过的利他主义提供了两个源泉。我们犯的错是将物种福祉这一抽象概念凌驾到了物种成员福祉之上。某人可以感觉痛苦、喜悦、爱、欢乐，全人类则不能。某人可以学习、思考并且在智力上有所发展，全人类却只能在隐喻意义上做到这一切。

所以，生命的意义不在于服务人类物种的发展。尽管如此，探索这种观点的可能性仍揭示了实现人生意义的要求是什么，以及这种追寻会将我们带向何方等有趣的真理。

6

只要你幸福

> 追求幸福是一句最可笑的话,如果你追求幸福,那便永远也找不到它。
> ——C.P. 斯诺

人人都想要幸福

在西方国家中,最常见的一句谎话是父母最喜欢说的:"我不在乎我的孩子做什么工作,只要他们幸福就好。"其中的感情通常是真挚的,但接受孩子们实际的选择其实很难。不过,人们可以反驳对其撒谎的指责,因为做父母的如果不赞同他们的成年子女似乎在做让他们觉得幸福的事情时,总是可以说:"但我们不认为这件事真的能让他们幸福。"而且,他们当然能找到证据来支持他们的主张。毕竟,有谁能永远幸福?甚至在那些过得不错的人身上,都可以觉察到不满意和不满足的明显痕迹。

这个例子显示出各种矛盾与幸福的复杂性。它反映了一个事实:我们许多人心照不宣地认为过得幸福是生命中最重要的事情——"只要他们幸福,我不在乎他们做什么。"但这也说明幸福是捉摸不定的,并且或许并非人生的终极目的:那些声称只要孩子幸福就好的父母,如果发现他们孩子的这种幸福似乎来自当脱衣舞者、贩毒或者放高利贷的话,那么他们通常会感到惴惴不安。因此幸福虽然很重要，但不是一切。幸福值得拥有，但却很难获得。难怪追寻幸福似乎十分困难，因为其在生命中扮演的角色是如此模糊。

这是我们拥有的最棒的礼物？

叔本华曾写道："幸福就是由经常重复的快乐组成的。"但大多数哲学家将快乐与幸福进行了区分：快乐是一种暂时的兴奋或愉快状态，幸福则是一种更为持久的状态。吃到一顿大餐的快乐只能维持一顿饭的时间，但一个满足的人在安安静静的时候依然幸福。看着睡着的人，然后说"那边躺了个幸福的人"，这是合理的；但如果说"那边躺着的人正在体验快乐"，这就说不通了。幸福更像是一种背景情境，而快乐则是一种转瞬即逝的体验，它占据了我们的经历中最显著的位置。我们会在第8章更详尽地谈谈快乐，这里重点谈谈幸福。

有很多很好的理由可以让我们认为，幸福在人生意义中扮演着非常重要的角色。比如亚里士多德认为，幸福是人类活动的终极目标，他的思考方式和我在第2章中提过的那种思考方式类似。任何活动都是有目的的，那个目的要么本身具有价值，要么就是为了达到进一步的目的所必须要完成的事。这一系列的活动必须以某种本身就很有价值的事物来结束，也就是他在

《伦理学》中讲的"某种总是因为自身的原因而被选择的东西"。

亚里士多德总结说，幸福符合这种描述。人之所以选择幸福"从不为其他理由，总是因为幸福本身"。他发现同样的描述不适用于其他"利益"，比如荣誉。问我们为什么想要荣誉是合理的，答案可能包括荣誉产生的自豪感、他人的称赞，或者得到荣誉的人会生活得更好等。但对幸福提出同样的问题就没道理了。我们并不是因为可以用幸福来做别的事才想要幸福，幸福本身就有价值。

虽然可以说，如果不明白幸福本身是一件好事，就是不了解幸福的含义，这句话是不言自明的，但幸福实际上是什么却并不明确。哲学家对幸福的某些观点是非常反直觉的。比如亚里士多德认为幸福是一种"灵魂的高尚活动"，即按照我们的本性，以智慧与反省的方式来生活的话，就能从中找到幸福。对亚里士多德来说，智人是一种理性的动物，而不是爱抱团狂欢的动物。

甚至以幸福作为人生目标而闻名的哲学家伊壁鸠鲁也并非只会享乐。伊壁鸠鲁派对幸福的追求非常严肃，但他们认为获得幸福的最佳途径是过现代人眼中既简朴又禁欲的生活。伊壁鸠鲁派有一些典型观点："爱所带来的快乐对人绝无益处，没有被这些快乐伤害，他就是走运的了"，以及"安于贫穷是一件光荣的事"。这是快乐，但不是我们知道的快乐。或者至少不像我们在电视、电影，特别是广告上看到的那种白日梦。伊壁鸠鲁式的幸福是获得平静的满足和免受打扰，其并没有将享乐放在第一。

这里似乎有些奇怪。一方面，很明显幸福是一个值得追求的人生目标，是本身就值得拥有的事物；另一方面，坐下来思考幸福为何的哲学家却倾向于以人们不熟悉的方式来定义它。我认为人们对幸福的看法之所以出现明显且困惑的混合，是因为"幸福"这个词是一种含混的占位符号，而不是一个有特定意义或所指的词。就像康德说的："幸福是个很不明确的概念，虽然每个人都希望得到它，但人们永远无法明确且不矛盾地说清楚自己真正的希望与意愿。"幸福只是任何能让人们持续满足的状态，而且其本身就是好的。所以幸福从定义上来讲是一种"内在的利益"，并且显然是"非具体的"。我们必须寻找那些符合这种描述的状态，并思考我们要如何做才能实现那些状态。

幸福涵盖的范围很广泛，包括从浅到深的各个层次。曾经有一句著名的广告语："幸福是一支哈姆雷特牌雪茄。"这句话从某种层面上来讲很荒谬：人生要是这么简单就好了！但这句广告语很成功，因为其包含了真理的核心。如果你坐下来放松，抽一支哈姆雷特烟，可能会觉得自己很悠闲自在，同时又体验到一种本身就很不错的心情。这种宁静的满足可能更接近我们认定的幸福而非快乐，不过其中可能也有快乐。当然，这持续不了多久，因为它并非我们追求的那种深层次的幸福。不过你抽雪茄的那段时间带来的体验与真正的幸福足够相似，至少可以让你浅尝一下幸福。

因此我们可能会认为幸福在人生意义中的地位还是相对清

楚的。幸福经过测试，成了值得追求的人生目标，问题是理解幸福到底是什么以及如何找到它。不过哲学问题在此还没有得到解答。

心满意足的猪

一个复杂之处是，我们认识到幸福在数量和品质上都存在区别。这是 19 世纪哲学家约翰·斯图尔特·密尔在谈到"快乐"时提出来的，但同样的观点也适用于"幸福"。他的基本见解是：做一个容易满足的人要比做一只心满意足的猪更好，做不满足的苏格拉底要比做满足的傻瓜更好。

因为我们无法选择做人还是做猪，做苏格拉底还是做自己，这个说法可能显得有些不切题。但如果我们稍微解读一下密尔的话就可以看出，他的见解是适用于我们的：拥有人的满足感比拥有猪的满足感要好。也就是说，如果得到满足要在两种办法之间做出选择，一种是吃以及其他等同于在泥巴里打滚的人类活动，另一种是运用更具人类行为方式的诸如思考、说话和智能之类的能力，第二种形式的幸福显然更好。

密尔的选择是简化的，但的确反映出幸福有不同类型这一事实，并且其中的某些形式更加复杂，其基础是人类"高级"的能力发挥的作用，而不只是我们与动物都有的享受食物、性，以及在野外奔跑之类的"低等"能力。虽然"高等"与"低等"这种词语的选择似乎过早对这个问题做了判断,但我还是会坚持这个传统区别,而不会假设"高等"能力有任何优于"低等"能力之处。

这里明显有一个反驳式疑问:为什么我们倾向于选择这种所谓"高等"的幸福,而不选择被称为"低等"的幸福(当适用密尔原本对高等与低等"快乐"的区分,而不是"幸福"时,知道这个问题的答案或许最为迫切)?其中一个可能的答案是:除非我们使用高等能力,否则我们实际上不可能真正获得幸福。只需要满足低等需求,我们就可以活下去,但完全处于那个层次的生命通常无法真正幸福,因为那只涉及我们本性的一部分。

我确信其中的确有值得探讨的地方,但或许没有我想象的那么多。问题在于,就这类主题写作或建立理论的人,本来就比一般人更理智。著书者可能很难理解,竟然有人能在没有某种同等程度的知识兴趣的情况下还能感到幸福。但这或许仅仅只是表明他的想象力有限,并非表明他对人类本性有深刻见解。性欲强烈的人一想到可能有人好几周、好几个月甚至好几年没有性生活却觉得心满意足时,就无法理解。疯狂的球迷认为不爱体育比赛的人不可理解。由此我们可以看出,在每种情况下,难以置信的感觉仅仅反映了个人的激情而已。我们不是也应该怀疑那些不相信没有知识刺激也能有幸福感的知识分子吗?

的确,对幸福的心理学研究表明:满足感的关键在于稳定而又充满爱的关系、良好的健康状态，以及一定程度的经济保障与稳定。与非常喜欢读普鲁斯特或维特根斯坦的人相比，知识兴趣只是读《谁想成为百万富翁》的人也能享受阅读的快乐。

或许这并没有将"高等快乐胜过低等快乐"这一原有假设推翻，只是改变了原来的理解而已。或者可以论证我们最高等的能力不是理性，而是与他人建立有意义、相亲相爱的关系的能力。有趣的是，灵长类动物学家珍·古道尔在坦桑尼亚居住多年，只有黑猩猩跟狒狒陪伴她，她却将这种关系视为人类和其他灵长类动物之间的关键区别。整体来说，和前辈相比，古道尔认为其他灵长类动物拥有一般被认为是人类才有的能力。比如，她首先发现黑猩猩能制造工具的证据，当时这种能力还被视为人类的专属。但她在回忆录《在人类的阴影下》中坚称，她在长年的观察中，没有找到证据证明灵长类动物之间能够产生人类才有的无私的爱。这表明人类与灵长类动物之间的主要差别可能是理性的能力，是人类对深刻、持久的爱的渴望，而且我们有能力实现这一渴望。因此哲学家的"理性本位"偏见——将理性放在人类本性的中心——可能只反映了他们的兴趣和优先考虑的事项，而不是全人类的。

过于强调人类智能的一面是错的，太过轻视这一面也会造成误会。显然，高级的智能与复杂的语言使用能力同样是人类区别于其他物种的特征。但我们用智力和语言做的事情不只是建立理论或阅读。情感关系也依赖于沟通的能力，为他人着想的能力，以及做我们了解的正确的事情，而不只是我们恰好感觉到的事物的能力。我们不能将感情生活与智能生活完全分开，思维和感受是互相联系的，不是两个毫不相关的领域。

那么，这种说法是否忽略了"哪些种类的快乐值得拥有？"这个问题？我认为这提醒了我们，要避免太过僵化的思维。我们可以看出猪的幸福与人的幸福是不同的。但这不是因为人的幸福是或者应该是完全智能的。思想和感受相互影响，任何人都不可能完全以猪的方式来感受幸福。需要多少智能活动我们才能幸福，基本上取决于我们自己特殊的性格，而非整体的人性。因此，如果以自己对世界的看法为准定下规则，那么指定哪种幸福比其他幸福更好是有风险的。或许在这个领域里，哲学家不应该插手，而是应该留给心理学家。心理学家才掌握真正使人幸福的证据。

但这些反思在个人层面上的确留给我们一个有待解决的哲学问题。只要认识到幸福的性质和强度不同，就能帮助我们选择生活的方式。人类的各种性情与偏好适配的生活方式远不止一种。比如我们可能面对的一种典型选择是：组建一个家庭，并为这种生活能够带来的幸福而努力；或者不生孩子，寻找另一种不同的充实感。我们必须认识到，做出这样的选择不仅仅是在权衡可能得到的幸福"总量"，而且还是在选择潜在满足的不同类型。选择其中之一必然意味着无法选择其他。

如果我们将幸福作为自己的目标，就要做出许多困难的选择。不过，还有一个尚待解决的问题，即我们真的应该为幸福努力吗？

虚拟的幸福

目前为止，我们说的都是以看似明显为真的假设为前提的，即幸福本身总是值得拥有的，没有必要质疑追求幸福是否正确。但那句话的结论并不是从其前提推导而来的。比如，幸福本身也许是好的，但可能也有其他同样好的事物，或者比幸福更好的事物。也可以认为，消除本身就"不好"的事物比追求本身就"好"的事物更重要。因此，如果你即将开始追求幸福，那么你看到一个人身陷流沙之中，先去救这个人不是更重要吗？追求幸福可能很值得，但这并不意味着它必然拥有超越其他一切的优先权。

你接受了这个基本前提后，需要回答的问题就变成了是否有任何除幸福之外，能够与之竞争的"利益"值得我们关注。消除苦难可能是一个，鉴于我们生活在一个有许多人受苦的世界，苦难可能会严重限制我们追求自身幸福的能力。至少，我们应该遵循古希腊医师盖伦的格言：首先不要伤害。

但就算我们自私地把范围限制在对我们来说有益的事情上，还是可能会发现其中有幸福之外的因素。哲学家罗伯特·诺齐克设计过一个"思想实验"。他要求我们想象一部体验机器，其工作方式与电影《黑客帝国》中的超级电脑"母体"一样。连上这台机器后，你就可以过上在感觉方面完全真实的生活：石头是硬的、阳光很亮、咖啡是热的等等。简单来说，"活"在这个虚拟世界中的一切体验都与正常世界中的生活体验非常相似。唯一的区别是所有体验都不是由真实世界的真实事物产生的，而是由电脑对大脑进行刺激产生的。

在机器里的体验与真实世界的体验还有另外一个重要的区别。进入机器之前，你可以选择自己想要拥有的体验。比如，你想当摇滚乐歌手，在麦迪逊广场尖叫的乐迷面前表演，这些都是可以事先安排好的。但你在虚拟世界里时并不知道一切都是事先安排好的，也不会知道这种体验只是虚拟现实。你以为一切都是真实的，对自己身处一部模拟体验机器里这一事实完全没有察觉，如果你现在已经处在这样的机器里，那么你也一样不会察觉。

请想象有这样一台体验机器。这个机器可能保证你拥有幸福的人生。你是选择在机器外面生活，能否幸福就靠碰运气？还是在机器里生活，同时一定会拥有幸福？从你的观点来看，两种感觉都一样。你会选择余生都生活在这样的机器中吗？

如果你回答"是"，那么我认为你属于少数派。多数人不只会拒绝这种选择，他们还会被这种选择吓到。问题是，他们觉得自己在这台机器中没有过上"真实"的生活。光是有美好的人生体验是不够的，人真正希望拥有的是美好的人生。参观机器中的金字塔可能会带给你与在真实世界中参观金字塔相同的体验，但对人们来说重要的是，他们要真的去埃及，而不只是在虚拟现实的机器中去埃及。从机器之外的人的角度来看，机器里的人不知道自己被骗只会让情况变得更加糟糕。

当然，可以说人们的直觉反应是错的，他们应该选择进入虚拟现实机器。但人们断然拒绝这种可能性告诉我们，有关幸福非常重要的一点是：幸福不是应该凌驾于其他一切人生抱负之上的目标。而且，大多数人拒绝体验虚拟现实机器这一事实表明，我们对此并没有多少怀疑。如果我们真的认为幸福应该是人生首要追求的东西，我们会对进入虚拟现实机器犹豫不决吗？事实是，我们毫不犹豫地拒绝了。

那么，当我们拒绝在虚拟现实机器中生活的机会时，又将什么置于幸福之上了？我心中看似最合理的答案是，我们有一些珍视的价值观，可以用"真实性"这个标题将它们概括。这是个非常难定义的概念，但它涉及想要过上真实的生活，看到世界本来的面貌，不被蒙骗，自己书写自己的生命，希望自己的成就是扎实努力、靠自身能力奋斗，与真正爱我们的人而不是虚拟的人互动交流。对"真实"和"假象"这类词的使用还有待商榷，但就算这些词的意思并不完全如我们所想，这一广义的描述肯定也与我们许多人认为很重要的东西一致。

如果虚拟现实机器听起来太过异想天开，想想另一种较贴近现实的思想实验，也能得出同样的结论。在奥尔德斯·赫胥黎的《美丽新世界》中，人通过定期服用"索玛"这种药来保持幸福感。这样的未来是很糟糕的，因为人们获得的幸福是以牺牲真实性为代价的。这种药物让人无法看清世界的本来面貌，人们透过玫瑰色的眼镜来看待这个世界。如此得到的幸福并非是个人努力和奋斗的产物，而仅仅是生物化学的结果。那种药物甚至切断了人与人之间应有的人际互动，因为每个人都不是他们真实的样子，而是吃过药后的样子。因此我们反感这一充满欺骗性的幸福愿景，仍然是因为它威胁到了我们对活得真实，获得真理的渴望。

不过，我们应当小心现在不要犯错，把追求真实的愿望当作生命中凌驾于一切事物之上的至高价值。比如，如果另一个选择是在"真实"世界里受到永无止境的折磨，那么我们可能会选择进入虚拟现实机器。如果食物和住处这种最基本的需要都没有得到满足，这些渴望肯定就没有那么重要了。挨饿的人不会把"书写自己的命运"当成优先事项，而是想要面包。

我们也必须小心不要太过泛泛而谈。比如，我就不知道这种对真实的渴望有多普遍。我认为在西方社会，许多人（也可能不是大多数人）在某种程度上都能感觉到这种渴望。但很容易想象，在其他实际存在或者可能存在的文化中，这种观念似乎并非大多数人都会认同。对真实的渴望甚至在西方世界也并不是普遍存在的。我记得很清楚，在我和某人讨论《美丽新世界》中服用"索玛"的那些人时，此人对书中人物的美妙生活赞叹不已。他似乎并没注意到这本书是反乌托邦的讽刺题材。但如此一来就可以看出，他属于人类中的极少数。对这些人来说，像大麻这样的毒品是每日必用的。而对许多人来说，这些毒品只是快乐的来源之一，他们对于自我表现或者对我所说的真实的渴望在其他地方也可以得到满足。但还有一些人，对他们来讲，毒品定义了他们的行为方式，这些人认为，人生中没有比

"感觉好"更棒的事情了。如果人生是一次一路不停的旅程，他们就会做出这样的选择。这种人将会高高兴兴地跳进体验机器中。

即便如此，对数以百万计的人来说，某种程度的真实性是具有重要价值的，这个事实足以证明以下观点：有相当数量的人认为，某些事情在某种程度上至少与幸福同样重要，有时候甚至比幸福更重要。所以我们不能假设找到人生的意义只是确定幸福是什么，以及如何获得它。

如果你追求幸福，那便永远也找不到它

到目前为止，我们已经找到许多赞美幸福的理由，但我们也质疑了"幸福是至高价值，光靠它便能让生命有意义"的观点。幸福在质和量上是存在差异的，我们得思考想要的是哪种幸福，以及想要多少。我们也已经看到，就算幸福本身是好的，我们也还是有理由更重视幸福之外的其他事物。

虽然如此，幸福还是扮演了一个重要的角色。只要我们获得幸福时没有牺牲我们珍视的生命中的其他事物——例如自主性和真理，而且确实得到了我们想要的幸福，那么幸福似乎是值得追求的。

不过，结论似乎又下得太快了。有些东西的确值得拥有，但这并不一定表示我们要努力去追求它。英国作家 C. P. 斯诺说：

"如果你追求幸福,那便永远也找不到它。"如果他是对的,并且幸福是一种值得拥有的好东西,那么他给我们的建议是不要去追求它,因为追求幸福是唯一一种我们肯定找不到幸福的方法。

斯诺的话里确实包含了某些真理。比如,对于我们所处的这个时代,人们常说的一句话就是:历史上从来没有哪个时代像现在一样,人们对幸福抱有如此之高的期望,而现实却又如此令人失望。在消费主义、广告力量和媒体的助推之下,我们受到鼓励,认为幸福就在我们的掌握之中。男性杂志许诺的幸福是有六块腹肌的腹部、能把玩的精巧小工具以及美妙的性生活,这些都能在一个月内实现。而女性杂志所许诺的幸福则是毫无橘皮组织的身体、漂亮的衣服以及美妙的性生活,这些也都能在一个月内实现。各种自信、性感的人看起来聪明干练,周围也是同样长得漂亮的朋友,他们喝着夏布利酒,吃着充满异国风情的食物,享受着一切美好事物,我们的日常充斥着这样的画面。

不过这些画面当然是有刺激作用的。如果它们反映了现实,就没有吸引力了。如果大家都已经有无可挑剔的身材与美妙的性生活,以及想要的所有物品,那么谁还会买这些杂志?显而易见,真实的人类生活比我们眼前这些理想的生活要差很多。现实和我们渴望的目标之间的差异不能使我们更快乐,因为这强调了我们生命中存在的不完美,强调了我们为之努力却没有得到的东西。所以,心理学家奥利弗·詹姆斯曾经非常严肃地指出:我们必须严格约束广告的影响力与影响范围,这些画面实际上正在损害我们的精神健康。

矛盾的是，整个社会比过去任何时候都更加努力地追求幸福，但我们却没得到更多。正如詹姆斯在《沙发上的英国》（*Britain on the Couch*）中详细描写的一样。研究显示，发达国家的财富虽然自20世纪50年代后大幅增加，但我们却并没有比过去更幸福。更糟的是，抑郁症之类的心理疾病的发病率在上升。追求幸福似乎没有用处，甚至可能导致某种不满足的情绪，让获得幸福变得更不可能。

但如果追求幸福令人感到挫败，那么也并不表示我们必须忘记这件事，只能寄希望于自己所做的任何事能够让我们幸福。只有当我们直接追求幸福时，这个问题似乎才会出现。关键是知道什么能产生快乐，并且直接去做，我们就会发现，幸福出现了。

这就回到我在本章开头提到的那个有些奇怪的亚里士多德的观念，即幸福是一种"灵魂的高尚活动"。他的真正意思是，当我们过着"道德高尚"的生活时，就会感到幸福。过"道德高尚"的生活的意思是按照理性生物的本性生活。这里的关键是，如果我们注重这一点，成功地以恰当的方式生活，那么幸福就会随之而来。

我认为这大体上是对的。如果我们过于担心是否能获得幸福，就无法幸福了。最好是赶紧行动起来，过自己认为值得过的人生，并且享受随之而来的幸福。但我们应当注意到，任何事情都不能保证一定会发生，这不是幸福的绝妙配方。有好几个理由可以解释这一点：其一，对我们来说，有许多事物比幸福还重要，因此我们无法确定其他事物会不会变得更重要；其二，幸福能以各种不同的形式和层次出现，我们可能无法获得自己所希望的那种完全的满足。性格在其中扮演了重要的角色：有些人天生便比其他人更乐观。运气也在其中扮演了一个角色，当所爱之人死去或者背叛你时，你很难幸福。如果你穷困潦倒，住在糟糕的环境中，或者无家可归、露宿街头，那么你也很难幸福。我们永远无法确定这些事情会不会发生在自己身上，而且一生当中总会有些类似的不幸发生在我们身上。我们能做的只有怀抱能让自己熬过艰难时期的期望。最后，我们一定要接受这个事实：不可能存在永不间断的幸福。萧伯纳说过："没人能忍受一辈子的快乐，那将会是人间地狱。"他夸大了这一真理，即永不停歇的快乐对人类来说是不自然的，甚至是不健康的。

古希腊人在这一点上的智慧很难被后人超越。他们中的很多人以各种不同的方式论证，是不是只要我们培养正确的期望，就能忍受人生抛给我们的种种不幸。比如，据说苏格拉底在接受审判时说过："一个好人无论在生前还是死后都无法被伤害。"爱比克泰德论证道："并不是事情本身在困扰人类，而是人类对这些事情的判断让他们困扰。"虽然这两位哲学家在很多事情上都持有不同的见解，但他们共同的见解是：在确定某些事情会对人造成何种伤害时，我们对事件的反应可能至少与实际事件本身一样重要。

或许，幸福最大的障碍就是幸福自身的现代迷思。如果我们对幸福有不切实际的期待，那么就算拥有的与任何人能合理期待的一样多，或者更多，我们也还是永远感觉不到真正的幸福。我们的危险是将人生之中原本来之不易的事物看作理所当然。这听起来像是陈词滥调，也许还真是，但我们已经忘记如何对已经拥有的一切心怀感恩，我们甚至对没有得到的一切心怀怨恨。我们对幸福的渴望是一种永远无法得到满足的欲求，我们认为这种欲望只有在不断追寻它的过程中才能得到满足。但这种强烈的欲望本身就是问题所在。

7 成为奋斗者

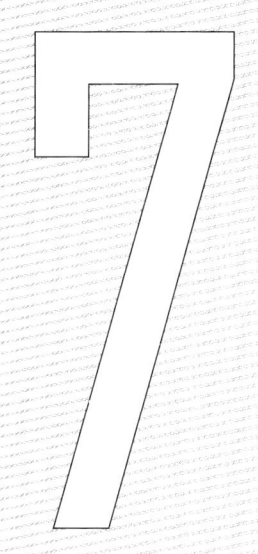

> 我本可以成为一个奋斗者。
> 我本可以成为一个大人物,
> 而不是像现在这样的流浪汉,
> 让我们面对现实吧。
>
> ——《码头风云》(剧本,巴德·舒尔伯格)

成为奋斗者

当马龙·白兰度饰演的角色特里·马洛伊在电影《码头风云》中发表他著名的"奋斗者"演讲时,要说他是在诉说一个永远不快乐的人的悲剧可能太过轻率。马洛伊叹息的不是他从未拥有过快乐的生活,而是他失去的潜力。他本来可能获得成功,可能获得成就,成为"一个人物",但他仍然只是一个无名之辈。

取得成就或发挥我们全部潜力的渴望,能和希望获得幸福或快乐的渴望区分开来。我们可能会这么想:成功会让自己感到幸福就渴望成功,但这样一来,成功就只是达成目的的一种手段。我们也可能认为成功会带给我们更大的快乐,因此渴望成功。我会在下一章探讨这个观点。

在这一章中,我想集中探讨这个观点,即不论成功让我们多幸福,或成功带给我们多少快乐,成功或成就"本身"才让生命有了意义。为了让这一点成为一个可信的假设,我们得考虑它的真实含义,以及人们是否应该将"取得成就"当作人生的目标。

剖析成功

成功的一种类型是达到某种程度的成就。这种成就可以是相对的或绝对的。比如，一个渴望成为成功的小提琴演奏家的人，她可以给自己设定某种相对的目标：变得足够优秀，成为全职演奏家或以教学为生；或者在某个国家级管弦乐团里演奏，成为国家级管弦乐团里的首席小提琴演奏家；等等。在每一种情况下，成功都是按照她觉得在自己能力范围内的某种期待来定义的，并不依照小提琴家成功的某种绝对标准。相较之下，某个寻求绝对成功的人会希望尽可能地接近成为世界上最伟大的小提琴演奏家这个目标。任何有限制条件的成功或相对的成功都不算是真的成功。

可以从两个角度来分析这里的任何一种成功。其中一个角度关注的是完成某些事情的重要性。这种思考呼应了萨特的观点，他曾写道："人只是其行动的总和，只是他自己的人生。"这就是为什么对马洛伊来说，要成为一个人物，成为一名真正的奋斗者就必须获得某些成就。

另一个角度关注的是变成某个特定类型的人。我们获得成就的目的是变成我们想要变成的人。从这个角度来看，成功的外在特征仅仅是更重要的内在转化的可见证据。首席小提琴演奏家为自己达到了这个目标而感到非常开心，因为这是她已经成为她想成为的顶级演奏家的证据。但真正重要的是这个转变，这种自我发展到完全释放全部潜力的过程，而不是这份随之而来的工作。

这两种观点并不一定彼此冲突。确实，萨特的说法似乎结合了二者。根据萨特的观点，完成某件事是知道一个人是否能够做这件事的唯一办法。与电影中的马洛伊相反的是，萨特写道："大环境一直对我不利，我本来应该成为比现在更好的人。"对萨特来说，"拉辛的天分就在于他写的系列悲剧，除此之外别无其他。在拉辛没有写出另外的悲剧时，为什么我们就应当说他有能力再写出另一部呢"？萨特认同这个说法可能太严苛："对尚未取得成功的人来说，这种观点无疑会让人不舒服。"

这个观点连接了"做"和"转变"的意义。这并不是指真正重要的是开始行动，也不是指变成某种人是重要的，而是通过做我们所做的事情来成为我们成为的人。

我们需要将另一个元素放到合适的地方，才能得到在人生中取得成功的完整解释。到目前为止，使用的例子都是公开的成功形式，比如成为很好的小提琴家或写出伟大的悲剧。但成功不一定要以如此狭隘的方式来定义，我们能以更恰当的方式来取得人生的成功。《生活多美好》中的乔治·贝里这个角色就是一个好例子，但他有些多愁善感。他在影片开头时打算自杀，感觉和《码头风云》中的马洛伊差不多。乔治曾有过梦想，他本来可以成为人生赢家，但各种环境因素让他的雄心受挫，结果他只能在一个美国小镇里过着很普通的生活。幸运的是，一位守护天使来看他，而且这位守护天使不是萨特。天使向乔治展示他的人生如何感动了其他人，最后乔治意识到自己的人生终究还是成功的。他成功地做了一个好人，过着体面的生活，他在乎的那些人都重视且欣赏他的生活，这是一种宝贵的成功。那么，当我们谈论成功的时候，一定不能假设我们说的只是艺术或职业上的成功。

因此，我们对成功的剖析把几种不同类别的成就做了区分。相对的成功与绝对的成功之间存在区别：是否将标准设置为适合自己的水平，或者在每件我们尝试去做的事上都努力做到最好。做成某些事的成功以及成为某种人的成功之间也有区别，将这两个因素进行混合的观点也有区别。有一种理解是：成功能以许多种不同的形式出现，其中包括职业的、艺术的以及个人的成功。我们现在要考虑的问题是这些成功的众多形式中有没有任何一种能赋予生命意义。

成功的失败

契诃夫的剧本《海鸥》对成功与取得成功的志向等主题做了比较深入的探讨。或许最令人印象深刻的是，该剧本展示了任何相对的成功没能令人满足将如何导致绝望。比如，剧本中有一个角色是著名作家特里戈林，虽然他很成功，但是他的作品却无法令自己感到满足，因为他能够想象认识他的人在他死后站在坟墓旁说:"这里躺着的是特里戈林,一位聪明的作家,但他不如屠格涅夫。"

同时,在成就的阶梯上比特里戈林低一级的理想主义者康斯坦丁最终以作家的身份获得了小小的成功,却因为自己的作品不如特里戈林而感到不满足。他说:"特里戈林已经研究出了一套自己的方法,他很容易就能写好描述的部分。他写到一个破瓶子倒在河边,瓶颈在月光下闪着光,还有水车下面拉长的黑色影子。现在你的眼前浮现一个月夜,但我得写微微闪烁的光、一闪一闪的星星、远处的钢琴声融入静谧馨香的空气中等等,最后糟透了。"

但就算是康斯坦丁只取得了小成功,他的叔叔彼得也很满意了。彼得哀叹道:"我年轻的时候想当作家,结果没当成。"他是公务员,但并没有因自己是公务员而得到安慰,也不愿意镇定地面对即将来临的死亡。他认为这种成功是一种错误的成功。

这些角色全都表明:如果我们一直将自己的成功与比我们更好一点儿的人比较,就无法满足自己对成功的渴望。只有最成功的人才能够通过比较获得满足。契诃夫笔下的角色栩栩如生,就像心理学家观察到的,我们的自尊心在很大程度上是通过与同辈比较产生的。但我们倾向于去与显然比自己更好的人做比较,而无视那些没有我们走运的人。这让我们更加不满,因为无论我们已经取得多大的成就,我们只看到与人相比自己不足的部分。

当然,这些角色因为没能达到自己不断变化的成功标准而饱受折磨，却也并不意味着他们不能把为成功奋斗当成人生的意义。毕竟，我们已经区分了成功与幸福。我们的人生目标不能是取得成功以及追求更高的标准吗？即使这会让我们不幸福。问题不是这种方法让我们不幸福，而是这种方法让我们觉得有挫败感。如果成功具有不断变化的标准，总比某个人当前拥有的一切的标准更高一些，那么从定义上来说，成功是永远都达不到的。最多只有少数天才能够过上有意义的生活，因为他们取得了绝对的成功。如果除了这些天才，其他人的人生都没有意义，那么这似乎把非凡的人生意义与普通的人生意义混为一谈了。我们应该继续秉持"普通人的人生可以有意义"这样的观点，除非我们有坚实的依据去支持相反的主张。

破解这种两难局面的一种途径是接受契诃夫笔下那些角色不接受的事：世上既有绝对的成功，也有相对的成功。当然，每个角色似乎都接受了这一点，自称只要取得适当的成功就有初步的满足，但达到这些较低的目标时，他们发现，与较高的成就相比，这会破坏他们的成就感。虽然他们说，自己可以接受相对的成功，但自己仍想得到绝对的成功。

但在修正这种说法时，我们不能只是说，我们都可以取得相对的成功并因此感到满足。这种思维过分强调了在教育方面"所有人都必须得奖"的观念。孩子们的能力是有差异的，而其成功的标准应该只与是否能发挥他们的能力有关，即便他们的成功与他人相比显得逊色也没关系。

但这也存在问题。哲学家吉尔伯特·赖尔在写到一个完全不同的主题时指出，伪币只有在和真币对比时才有意义。同样，成功只有在所谓的"失败"存在时才有意义，当然这不表示一定是实际的失败。比如，在一场考试中，及格标准是在100分的满分中得到50分，每个人都刚好及格。重点是必须有真正的失败可能性存在，否则成功就完全不算成功了。

所以，如果我们用每个人都注定会达到的标准来定义成功，成功就会变得毫无意义。我们最后会以高人一等的姿态告诉他们，他们已经成功，而他们知道自己的成功什么也不是。在《海鸥》中，冷淡的尤金医生试图安慰感到不满意的老彼得，他说："你希望成为一名国务委员，而你的确就是啊！"老彼得回答："我并没有为此而付出努力，这个位子是自己送上来的。"老彼得认为成为一名国务委员算不上是成功，因为那不是他努力得来的东西。如果他没当成国务委员，他也不会认为那是一种失败。

因此，就算我们认为相对的成功能够让生命有意义，我们依然还有一个问题，即相对的成功使我们中的很多人过着没有意义的人生。

我们已经在第2章中审视过另一个问题。如果成功是指在未来达成某件事，那么假如我们真的成功了，我们还能剩下什么？在我们得到了想要的东西后，生命中还有什么？矛盾的是，如果成功是人生的目标，似乎就会这样，我们一旦达到目标，就没有继续活下去的理由了。但生命的意义又怎么能够让人不再值得活下去呢？我会就此再进行一些探讨。

有脱离这一困境的方法吗？在《海鸥》中，人们并不是没有希望的。努力上进的女演员妮娜在戏剧临近结束的时候说："我现在才终于理解了，康斯坦丁，对我们来说，无论写作或演戏，重要的都不是曾经梦想过的荣誉和荣耀，而是坚持下去的力量。"妮娜并没有站上她演艺生涯的高峰。她的奋斗也将其从一个无忧无虑、快乐的年轻女子变成了更深沉、更纠结、受到竞争磨炼的人。她没有得到快乐和职业上的成功，但演戏给了她一种"使命感"，这种感觉赋予了她计划与梦想，并且让她的人生有了意义和方向。

妮娜所处的位置反映了"做得"成功与"变得"成功之间的区别。在某种意义上，她的成功算不上是真正的成功，因为她并没有被公认为伟大的女演员，她仍旧要在普通的演出场合以演戏为生。彼得没有当上成功的作家，梦想也没有实现，但妮娜至少"变成"了一名女演员，这一直是她的梦想。她成功当上演员靠的不是演戏带给她的认同感，而是她的坚持，只要她演下去，这种成功就永远都无法被夺走，这就是她口中的"奋斗"。真正重要的不是"荣誉与荣耀"，而是通过采取行动成为她希望成为的人——女演员。

妮娜与年龄较长的女演员伊琳娜不同，后者沉浸在过去的荣耀之中，她将自己原本很普通的成就看得过高。伊琳娜不再演戏了，从这个意义上讲，她不再努力去"成为"女演员。她的确一度当过女演员，并且小有名气，但并不是真正伟大的女演员，她所有的荣耀都已经过去了。伊琳娜不像葛洛丽亚·斯旺森在《日落大道》里的角色那样忧虑、刻薄、心态扭曲，但她与其他角色相比显得很肤浅,而且她的人生也很乏味。

如果成功是指通过行动变成某种人,那与成功形成对照的就不只是曾经拥有的成功,还有曾经的身份。哲学家乔纳森·雷曾对克尔恺郭尔充满深刻见解的讨论解释道:"这种变化是永不会停止的。为了变成自己希望成为的人,我们需要一直保持这种转变,否则就不再是曾经成为的那种人。"

为什么这种转变应该被当作令人渴望的事,甚至认为它给了生命意义?理由是,这种转变在很大程度上合乎我们在上一章中谈到的,人生意义能与"幸福"这一目的相适应。我们希望活得"真实",又想"自我实现"。这表明我们不希望生命仅是一次轻松之旅,我们还想坦诚地面对生命,成为有潜力成为的人。如果想当演员,我们就希望"成为"演员,而不是只拥有演员的虚假体验。想想这个选择:我们在得到保证,一定能当上成功的演员的情况下进入体验机器;或者我们也可以在现实世界中碰运气,在表演领域尽自己最大的努力,但没有成功的保证。大部分人可能都会选择第二种方式。对我们来说,重要的是通过自身的意志以及努力来成为自己想成为的人,这种自我发展的渴求似乎是某种本身就具有价值的东西,而不仅仅是因为它能够让我们快乐。就像妮娜一样,我们认为这种努力本身构成了在生命中寻找意义的一部分。

思考一下白兰度的"奋斗者"演说,你会觉得这么说有道理。退役拳击手马洛伊是一个悲情的人物,并不是因为他在拳击上没有取得成就,而是因为他实际上已经放弃了追求。他只是在得过且过、随意应付，做必须做的事情。但最后他救赎了自己，不只是因为他打破了工会对码头工人的控制，还因为他有这种努力的勇气，他愿意在自己身上找到失去的尊严和目标。作为好莱坞电影，男主角必须要用显而易见的成功来结束故事。但从角色的角度来看，救赎并非是以他所取得的成功为条件，而只需要马洛伊重新努力去成为某种人，当个奋斗者，这样就能让他在片尾获得公开的成功之前重新评估自己："他们总说我是一个无能的人。嗯，我不是无能的人，伊迪。"他曾经是一个无能的人，但不再是了。变成某种人是一个持续的过程，而且是一个可以逆转的过程。

真正的成功

有几种成功，其本身是不能赋予人生意义的。如果我们只认为绝对的成功才能让人生有意义，那么我们就必须接受人生对几乎所有人都是无意义的现实。即使我们认为相对的成功也能让生命有意义，成功只在现实中存在失败的情况下才有价值，我们依旧会认为，很多人的人生毫无意义。我们只有在不得不走这条悲观之路的情况下才会继续。

对任何一种成功来说，即相对的成功或绝对的成功，仅仅完成某件事或取得某种程度的成功通常还不够让人生有意义。

成就获得了又会失去，如果我们的目的就是获得成就，那么在获得成就之后，人生还剩下什么呢？

像平常一样，马上定下严格的规定就太傻了。有些成就或许可以提供足够持久的满足，让人生有意义。比如，成为世界杯冠军或拿下诺贝尔奖可能被视为获得了这种成功，即便获胜者在余生再也没有任何成就，他们也让自己的人生非常有价值了。这类重大成功为什么能够提供更为持久的成就感呢？其中一个理由是：它能带来一种不可逆的变化形式。登上顶峰意味着这个人已经成为历史上的优秀人物之一。一朝拿下世界杯冠军，就永远是世界杯冠军；获得一次诺贝尔奖，就永远是诺贝尔奖得主。因此，有时仅仅单一的重大成就就可以让人生有意义，因为它会让你变成你一直想成为的某种人。不过，不是每个人都会从这类成就中得到持续有利的影响，大多数人在获得这种成功之后也并不一定都想舒舒服服地退休。他们仍然觉得需要做些事情，让自己的生活有目标。

"成功可以让生命有意义"，这句话最说得通的意思是：我们可以成功地成为自己想成为的人，而我们只能通过行动来实现这一点。这种成功更多是一种过程，而不只是获得某种成果。这正是契诃夫笔下的妮娜说的"奋斗"。这种观念的优点在于把意义置于个人的掌握之中，因为我们可以永无止境地追求，让自己变成任何人，不管我们想要变成好父母、好老师、好艺术家、好消防员，还是仅仅当一个正派的人。如果我们通过努力成为我们想要成为的人，人生就有了意义。这里有一个关键概念，我们是"书写自身的存在",我们在塑造自己的身份。

这似乎和成功的一般概念差得太远,但实际上并没有。将一个失败的、酗酒成性的奥斯卡金像奖得主和一个心满意足的居家男人进行比较,思考谁更成功的时候,这个说法确实看上去是合理的。我们对成功概念的一般定义并没有局限在职业与艺术方面,生命与爱同样适用。而且我们也知道,每个人对自己人生的判断,最终既要看他们做过什么,也要看他们是什么样的人。马洛伊一开始责备自己是个无名之辈,后来他不再这样想了,他关注的是自己在当下成了什么样的人,这与他做过或没有做过的事情并没有直接联系。所以,认为人生的成功指的是变成某一种人,这并没有扭曲一般意义上的"成功"。和只看表面成就相比较,这种理解也没有很肤浅。

还有另一个重要的层面,在这个层面,内在成功与外在成功相关联。正如我们已经看到的,我们只靠行动促成转变,这些行动有些可能会产生有形的成就。要在任何领域里做到优秀,赢得认可和获得奖项,通常都需要努力奋斗,成为自己想要成为的那种人。但总会存在一些没有真正尝试过就偶然成功的特例,但我们大部分人还是要付出努力才能成为我们渴望成为的人。奋斗的过程本身必须是值得的,不然任何成就感都无法持久存在。这是可见成功的必要条件,但公众的认可并不是让其变得值得的原因。即使如此,这样做如果能够产生外在的成功,那么也可能会带来深层次的满足。部分原因是,这种成功为个人的转变提供了外在的确认或认可。这对人们来说非常重要。

我们中的许多人直到获得上述认可后才觉得自己获得的成就是真实的。我们要抵制这种感觉，同时要学会不依靠他人的认可来评价自身，这才是明智的。但无论我们多么努力减少自身对他人赞赏的依赖程度，大多数人仍然在这种认可来临时觉得它让人感觉很满足，这不是因为认可本身是我们努力追求的目标，而是因为认可是外在证据，它能证明我们已经成了自己努力想要成为的那种人。

你自由吗？

到这里，我得稍微跑一下题，谈谈对某些读者来说可能有些麻烦的问题。我经常说"为自己做选择""自主决定"，以及"活得真实"之类的观点。我们必须要为自己做决定并且为自己的人生负责，这是本书论证的核心。这似乎预设了我们有自由意志。但如果我们没有呢？那样会损害我们到目前为止所讲的一切吗？

我们可能没有自由意志（至少不是我们通常认为的那样）的观念并不奇怪。自由意志通常被视为一种除了实际行为，我们还有其他选择的能力。比如，有人为我提供茶和咖啡，我拥有自由意志的意思应该是指我可以选择其中的任何一样。如果我选了茶，我就可以安心地认为之前自己同样能够随意地选择咖啡。

但问题是，我们似乎是活在每个物理事件都有其物理原因的宇宙之中。更进一步讲，这正是所谓的"物理范畴内的因果完结性"，即物理世界之中的每件事都是由物理事件导致的。此外，我们的每种行动也涉及物理运动，甚至连个人观念也涉及大脑的物理活动。将这些事实集中在一起，会得出一个令人吃惊的结论：我们的所有行动都完全是由物理世界中的事件导致的。并且因为物理因果关系是决定论式的，即"因"必定会以某种方式产生"果"，这就让自由意志没有发挥空间了。

我们无法凭借量子理论中的非决定论因果关系形式来解决这个问题，在量子理论中，"因"仅仅只是使结果发生的可能性有所增加而已。首先，这种因果关系只有在原子以下的层面才存在，对我们人类这么大的个体来说并不适用。其次，这种因果关系并不容许自由意志存在，因为做自由的选择不等于做随机的选择，也不是指在因果关系之间还留有给机会施加影响的空间。最后，就算是量子物理学家也不能很好地理解他们所研究的现象，因此其他人如果要从他们的研究成果中得出严肃的形而上的结论，那么其很大程度上需要靠揣测。

所以我们似乎被困在一个使人不快的结论中：我们的行为并不是个人自由意志产生的结果，而是之前发生的所有物理事件带来的必然结果。我们并不比群山更自由，后者随着时间而缓慢移动是板块运动的结果。简单来说，自由意志只是一个错觉。

有关我们是否拥有自由意志的争论是哲学史上历时最长也是最复杂的一个争论。不用说，我没法在一开始就解决这个问题，但我能够做的是，指出我们不能从所有事情都是先前原因造成的必然结果这一形而上学主张，直接跳到普通人的自由意志不过是个错觉的结论上。许多哲学家，比如著名的大卫·休谟，曾经为"相容论"的主张辩论过。"相容论"支持者认为即使形而上学的必然性原则为真，我们还是有自由意志，因为自由意志就是在不受外力逼迫或干扰的情况下自己做决定。也就是说，如果你为我提供茶或咖啡，只要我没有被催眠，也没有被人用枪逼着选择一个，我的选择就是自由的。如果在某种深层次上我的选择是无可避免的，那也无关紧要。自由意志指的是我的决策过程不受干扰，而不是指这些过程本身以某种方式脱离于正常的因果律。艾耶尔写过："与自由对立的不是因果关系，而是限制。"

不是每个人都认为，因果决定论这种形而上学的命题可以如此轻易地与我们通常对自由意志的看法区分开。因此他们拒绝相容论者提出的解决之道。但我认为，公平地说，所有哲学家都同意，接受决定论为真的方式并不能十分明显地影响自由意志具有的普通概念。接受决定论可能会在一定程度上改变自由意志，但也不能完全摧毁它。

因为这个原因，我们可以先将自由意志问题暂时搁置。我并没有排除下面这种可能性，即有关必然性的形而上的论证，可能危及接受本书遵循的大体论证方向所要求的普通的自由意志概念。但是我确实认为这种可能性非常小，因为我说的这种自由和选择是我们在实际经历中会碰到的，而不只是存在于理论中。当我们思考生命的意义时，我们思考的是行为的层次，是我们要做的实际决定和选择的层次。无论持形而上学观念的哲学家怎么说自由意志，我们都必须体验一个包含选择与困境的世界，也必须作为能够想明白这些问题，并做出决定的生物去解决这些问题。康德说过，虽然出于推测目的的理性会让人发现，走自然之路的人必然会更多，而且比自由之路更有用。但出于实用目的，自由之路是唯一可能将我们的理性按我们的方式进行应用的途径。

提升你自己

我在本章说过，让自己有所成就的观念可能会让我们危险地接近书架上那些无病呻吟的自我帮助类书籍，以及现代人痴迷提升自我的五花八门的方式，比如"学习高效率人士的7种习惯""释放内心深处的孩童""28天打造一个全新的你"，或是把心灵鸡汤强行灌到你的喉咙里。

我认为这种书之所以泛滥，只是它们触及了真实且几乎普遍的人们对自我实现的渴望。这类书和我一直讲的观点之间的联系是，人们在整体上都希望自己有所成就，并且想借此让自己的人生有意义。不过我想的是，这些书抓住了这种渴望的心理，然后将其导向了毫无建设性的方向。

比如，它们可能会承诺让你幸福。这很好，但就像我们在上一章中看到的，幸福并不是一切，而且如果你将追求幸福变成主要目标，你就不大可能真正得到它。它们可能对你承诺你一定会成功，但它们也可能只关注表面可见的成功，而真正的成功却在于内在的培养。它们可能随意承诺太多，而忽略了转变是一种奋斗的事实（虽然奋斗不一定总是让人不快乐）。它们可能将自我提升变成一种达成目的的手段（他人的肯定、赞赏的语言以及阳光般灿烂的笑容），而自我提升本身才应该是真正的目的。它们可能会对你承诺你能拥有一切，但人生不可避免地必须做出困难的抉择与取舍。比如，一个人无法同时成为伟大的探险家和称职的父母。这么说并不是批评去探险的人把孩子留给别人照顾，而是因为这种做法有可能是在考虑了全部选择之后做出的最佳选择。我只是指出显而易见的事：做出这种选择意味着要放弃很多为人父母的责任，这样的选择与"尽量当好父母"这一目标是无法相容的。

但也许最大的危险是自助文化同时助长了缺憾感以及对实现原本不可能实现的理想的希望。这些心灵鸡汤类的书承诺很多，并且似乎暗示这一切都是唾手可得的。简单到你只要做X、Y和Z几件事就行了。但人生没有那么简单，我们也不能期待存在简单的指示，保证你会有圆满和有意义的人生。

同时，因为我们看到这一大堆书都在承诺我们能够以各种方式取得成功，我们会对自己已经拥有的成功感到不满。比如，想象一个有着长期恋爱关系的人会有什么样的顾虑。他们可能是出色的生活伴侣，但可能不是优秀的性伴侣，不是世界上最会交流的人，没有超级棒的身材，也并非居家男神或女神。而在附近的书店里，那些杂志的封面告诉他们，他们可以，或许应该能得到上述一切。这可能会助长一种缺憾感，更糟糕的是，这些杂志鼓励人们，虽然他们的伴侣已经够好了，但是难道不能再好一点儿吗？毕竟，"你值得拥有更好的"。

自助文化的背景下所滋生的掌控错觉让这些问题变得复杂。他们给人的印象是：只有你自己才会阻挠你得到上述美妙的一切。不过，在试图塑造自己的人生时，我们经常会遭遇现实的阻碍。英国前首相哈罗德·麦克米伦说过，通常阻碍我们不去做原本要做的事的就是"偶发事件、孩子、偶发事件"！正确的态度当然会对此有一些帮助，"真正重要的不是我们遇到了什么事，而是我们要如何反应"，这句古话也有一些道理。就像伊壁鸠鲁说的："聪明人几乎不会被命运为难，真正重要的事都在他的判断与理性的掌控之中。"但这并非完全是真的，因为如果我们认为能够完全掌控自己的人生，那么一定是我们在愚弄自己。失去健康、事业以及亲密的关系通常不是因为我们太糟糕，没有遵照某些自我帮助手册的建议，只是这些事刚好发生而已。就像一个以前的笑话说的，如果你想让上帝发笑，那么就把你的计划告诉他。

由于真实且可能成果丰硕的自我发展计划，以及创造自身价值的渴望遭到了自我帮助文化的劫持以及扭曲，这类渴望反而成了焦虑和自我怀疑，想变成十全十美的人，完全掌控自己的健康、财富以及快乐这种徒劳追求的源头。努力变成我们希望成为的人已经不够好了,我们还必须变成有更多含义、有更多成就的人。无论你得到什么样的认可,成功地经营一个幸福的家庭或者过着追求激情的生活都应该被视为一种成功。

成功地掌控自己,要求你拒绝那些让你在 3 周之内瘦身或在 6 个月之内升迁的观念,除非这些是你自己真正想做的事。疯狂追求不可能达到的目标与我们每天为自己选定的奋斗目标之间是没有关联的。我们可以从他人身上学习,因此不应该拒绝任何可能被理解为"自我帮助"的建议。但我们要设置自己的日程表,清楚成功真正代表什么,而不是深陷为了成功而成功,将其他竞争者都打败的竞争旋涡中。

8

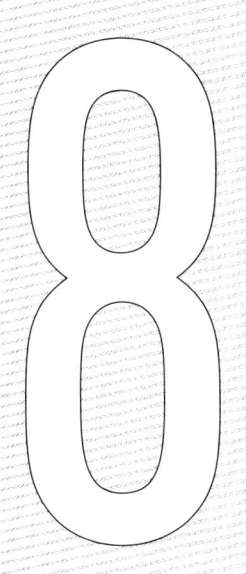

及时行乐，活在当下

生命短暂，应期待更多？
说话间，嫉妒的时间便悄然流逝。
抓住当下，尽量相信每一个明天。

——《颂诗集》第一卷第十一首，贺拉斯

活在当下

某些人可能认为,用这样一本书就想说清楚生命的意义这个主题是狂妄自大的。而对另一些人来说,即便我投入这个主题的时间不多、篇幅不长,也同样是徒劳的。就像贺拉斯一样,他们认为"说话间,嫉妒的时间便悄然流逝"。这不是因为他们认为生命毫无意义,我们只能接受。而是他们认为,事情没有那么复杂,他们说的有关生命的事实很简单。无人永生,我们被困于当下,随时都有可能死去。我们所能做的只是尝试把握我们拥有的每一刻。珍惜今天、及时行乐。所以当我们为生命的意义烦恼时,你会发现他们在泡酒吧、玩蹦极,或者如果他们有更高的欣赏水平的话,那么他们可能会听着歌剧流泪。

及时行乐、珍惜今天是一种很强烈的情绪,好好利用时间会产生很好的效果。比如,在彼得·威尔导演的电影《死亡诗社》中,罗宾·威廉姆斯饰演的电影主角是一位给人以启迪的教师,他引用诗人兼哲学家亨利·戴维·梭罗的话来鼓励学生:"要活得深刻，吸收生命的所有精髓。"

"及时行乐，抓住今天"这句话的核心是：经历以及当前的片刻具有至高的价值，应当好好珍惜。我个人发现，流行音乐在表达这种见解时与高雅艺术同样有力。这可能是因为流行音乐本质上就是当下的音乐，虽然其深度或复杂度有时不够，却具有即时性。因此，还有什么媒介比流行音乐更能表现流逝的时光的重要性与本质？

有两个例子尤其可以说明这一点。其一是凯特·布什的歌曲《欢愉时刻》。在钢琴与弦乐的阵阵高潮中，合唱部分高唱道：

> *就活着吧！*
> *的确有可能会受伤，*
> *然而我们所得的片刻，*
> *是时间的礼物。*

与大部分歌词一样，这些句子脱离音乐后读起来并不太像是伟大的诗篇。但唱出来的时候，歌词却十分动人。这首歌表达了这样一个意思：特殊的时刻以及喜悦的经历都是转瞬即逝又很有价值的。人们之所以赞赏并珍视它们，正是因为时间不断向前，一切都无法保留，感情在最浓烈的时候就已经开始消退。

另一个例子是激流乐队，他们的摇滚乐风格夸张、旋律强烈，通常我不会将这种音乐与情绪动人的经历联系在一起。但在他们的歌曲《时光停驻》中，我再次发现，他们对短暂时刻的价值表达有一种深刻的领悟。

这首歌表达了一种诚挚却徒劳的恳求，某人希望时间就算无法停止，至少也放慢前进的速度，他希望每一刻都能持续得更久些，使他能更专注地感受每个人。但他现在只能眼睁睁地看着身边的人老去，他觉得被骗了，因为时间总是这样耗尽他拥有的所有片刻，直到一切迅速消逝，以死亡作为结束。

两首歌都充满后悔的哀伤，在这种气氛中，两者都遭遇了悲剧：即使是最美妙的经历，我们也注定无法将其掌握，它会像流水一样从指间流走。生命最终是悲哀的，因为我们注定要失去最宝贵的时光。但歌曲展现的强烈情绪此时此刻提醒我们，这些飞逝的时光有多么宝贵。

我还要更进一步地说，最强烈的美学体验之所以具有冲击力，正是因为它们提醒我们：生命不是不朽的。此时此刻强烈的体验感动得不知所措，这明确地表明了存在本身转瞬即逝的本质，并且因此让我们理解，经历本身也会有终结的可能。我不敢说读者是否认识到了这一点，但这确实描述了我在这种情况中的感受，特别是在听音乐或看戏的时候更是如此。

我举这些歌曲的例子是为了将"把握今天"的两种解读进行区别：第一种看法很肤浅，似乎只是在鼓吹轻浮的快乐主义；第二种看法比较深刻，有苦也有乐，似乎在此刻的欢愉和欢愉消逝的痛苦之间建立了必然的联系。我认为这种区别本身就足够让人认真地怀疑"及时行乐"是否只是一个简单的教条，其原则是显而易见的。相反，就像我打算展示的那样，"把握今天"的观念从它最原始的形式"简单的快乐主义"开始就有很大的问题。

开始狂欢

酒吧哲学家版的"及时行乐"就是简单的快乐主义：开始狂欢。他（在酒吧里，与你交流的通常都是男人）坐在高脚凳上这样说："一天即将结束之时，一切都已说完做完，你必须继续过下去，难道不是吗？尽情过好你的时光，开怀大笑，喝上几杯，享受人生。将生命掌握在双手之中，在还可以开心的时候尽情开心。反正死后总会长眠！"（实际上最后一句话是帕特里克·斯威兹主演的电影的台词，讲这句台词的角色大部分时间都泡在酒吧里。）

这个原则执行起来往往很困难，鉴于此，要批驳这个原则并不难。问题通常是，即便我们的酒吧哲学家是对的，很多人也显然不擅长将理论付诸实践。许多酒吧的顾客群体几乎肯定是没有把握生命、享受好时光的人。更恰当地说，他们是用两手紧紧握着啤酒杯，跌跌撞撞地回家并吐得到处都是的人，他们通常在第二天醒来时感觉糟糕透顶。进一步说，他们除了去酒吧就没做过什么别的事,他们很难体验这个世界上的各种快乐。

这不该被视为快乐主义中"及时行乐"的负面表现,而是表明,追求快乐在某种意义上也是一门艺术。如果我们真心相信快乐主义,我们就会找到最好、最强烈的快感。快乐主义者的偏好是不同的。有的人追求性爱带来的欢愉,有的人追求美食,还有的人则喜欢毒品带来的感觉。有些人寻求的是不那么注重肉欲的形式,例如音乐、旅行或艺术。这些人认为快乐主义者总是追求即时的快乐,而肉体的欢愉是很肤浅的享受。

无论追求的乐趣是什么,快乐主义的人生一定具有某些特定的特征。在第2章中,克尔恺郭尔描述美学人生时已经敏锐地提到了这些特征。美学人生并不一定属于快乐主义,但快乐主义的确构成了美学的子集,因此共享了其基本特征。《人生道路诸阶段》中名为"酒后吐真言"的部分描述了美学人生的范式。这个部分写了一场宴会,各种人物在最后一刻受邀参加。没有人事先被告知宴会的情况,一切都是专门为了这场宴会准备的。而且,为了强调片刻的短暂性,宴会上的一切最后都会被销毁,主人康斯坦丁会象征性地将一个玻璃杯扔向墙壁。

克尔恺郭尔的评注者阿拉斯泰尔·汉内将美学人生描述成一种"陷入或只为了即时性"的人生。真正重要或有任何现实性的时刻是当下。因此关于这场宴席的一切都是被设计来庆祝这一刻的,并强调其短暂的本质。快乐主义明显属于这种美学经历的范畴,因为它本身也只与存在于当前的欢愉时刻相关,只能在时间的片段中去体验。

这并不意味着快乐主义者不考虑未来或不制订任何计划。在尝试为这一刻而活的时候,聪明的快乐主义者会意识到,所有时刻(过去、现在以及未来)都有一瞬间,就是现在,所以未来并不是不相关的。因此,在克尔恺郭尔的《非此即彼》的"诱惑者日记"章节中,我们看到,为了引诱一名年轻女子上床,这个阴谋慢慢展开,持续了很长时间,但只是为了片刻的欢愉。因此,人渴求的极有可能只是转瞬即逝的事物,但却要付出努力以便在未来的某一刻获得它。

《人生道路诸阶段》中描述的那场宴席听起来似乎很有趣,但在席间,参与者都发表了一番演说,在此,标题"酒后吐真言"的讽刺意味便流露了出来,因为每位演讲者都不经意地揭露了美学人生的局限性。在美学经历的痛苦之中,他们的话显示了它的空洞。

我们已经看到,美学人生的问题虽然从某种意义上来讲,是我们与现在紧紧联系在一起,但从另一种意义上来讲,"现在"始终不在我们的掌握之中。刚刚说的"现在"马上就会变成过去。我们可以把吉尔伯特·莱尔的话简单地复述一下,将其称为"现在"的系统化不定性。这个特征就是参加康斯坦丁宴会的宾客们得不到满足的原因,他们用不同的方式"只为陷入即时性中",但这表示他们赖以生存的一切终将过去。他们永远都无法掌控自己珍视的一切,而只能将其保留在记忆中,但记忆也是会变模糊的。

从当代哲学家盖伦·史卓森的学说中可以总结出针对这一思路的有趣反驳。史卓森说，有关自我和人格的文献已经被一种预设主宰，即要过圆满的人生，就一定要有一种"叙事性"的意识。史卓森认为这种看法没考虑到人性的易变。史卓森称有些人为"历时性的人"，这些人对生命的体验具有跨越时间的强烈统一性。这些人很可能觉得美学形式无法让自己获得满足。但还有一些人被他称为"片段式的人"（包括他自己），这群人对于过去或未来比较不在乎。对这类人来说，将大半时间甚至所有时间用于活在当下才是自然而然的事，在极端的情况下，想象以别的方式生活甚至显得相当奇怪。

史卓森的主张从经验层面上来讲很难做出评判。虽然到底有多少"片段式的人"我们不知道，但很难否认他们的存在。对完全活在美学领域中的人，克尔恺郭尔认为，这样的人生会有一些问题，似乎很少有人完全属于这种类型。就算是真正的"片段式"的人，似乎也有某种超越此刻而活的渴望。比如史卓森自己就涉及某种跨越时间的人际关系和计划，很显然他关注的不只是活在当下。

我会把史卓森的观点看成有用的警告，让我们知道，过分强调超越存在的美学模式，其整体重要性是危险的。对某些人来说（尽管是少数），他们的生命在于活在当下。那些更具有历时性特征的人得接受，活在此地此刻的渴望可以反映一种根深蒂固的人格类型，这不一定是一种哲学上的错误。

但这种接纳并没有消除我们在美学范畴内发现的问题，即使对片段式的人来说也一样。具有历时性和片段性特征的人都应该注意多萝西·帕克的诗《异教的缺点》中的警告,这首诗是克尔恺郭尔"酒后吐真言"一章完美而简洁的指南。该诗用四行的篇幅总结了克尔恺郭尔想要表达的大部分内容:

> 畅饮、狂舞、大笑和撒谎,
> 爱吧,午夜还在蹒跚摇晃,
> 因为我们明天就要死亡!
> (但是,唉,我们决不这样。)

帕克按照"及时行乐"这个准则描绘了这幅快乐主义狂欢者生活的图画,因为他们知道自己不会永生,他们的生活过得就好像没有明天一样。然而,"唉",当明天到来之时,他们却还没有死。但是为什么要"唉"呢?我们每天早上醒来,发现自己还没死,不是应该高兴吗?对那些过着美学式人生的人来说,这既是好事也是坏事,因为他们活着只是为了片刻的享乐,没有什么可以从昨天带到今天的。每一天,只要发现自己还活着,就必须重新及时行乐,让生活得以过下去。目的在于享乐的人生因此变成了一种折磨,因为你要么享受快乐,要么就什么也不是。这一刻如果没有欢愉就毫无价值。就像米克·贾格尔一样,这类人或许能够享受一段美好时光,但他们"忍受不了得不到满足"。少数纯粹的片段式性格的人或许可以维持这种生活形式,但毫无疑问,他们是少数人。

这就是纯粹的快乐主义者的人生，这类人一心追求欢愉。而这样的人生最终却并不能够让人满足，大多数哲学家都知道这一点，这些哲学家已经把转瞬即逝的乐趣和持久的快乐或满足（亚里士多德称之为"幸福"）区分开了。对享乐的怀疑普遍存在，其源头不仅仅是清教徒式的高尚意识。

　　比如，柏拉图认为对享乐的追求十分愚蠢，享乐与痛苦都是身体失衡的症状，因此无论感受偏向哪一端，都需要在反方向用同等力量来将其抵消。如果你要享受醉酒的乐趣，就要付出宿醉的代价，身体不适最终会累积成酒醒后的愉快感受。

　　虽然柏拉图的"获得某些快乐要付出一定代价"的警告确实没错，但以此来做整体判断似乎显得太不严谨了，对一个喜欢喝酒的快乐主义者来说，他知道应该如何避免宿醉。亚里士多德更精明，他愿意让欢愉在美好的生活中占有一席之地。不过，他的主要见解是：我们绝对不能让欢愉控制自己，我们必须控制它。当我们允许自己受欢愉驱使时，终会因为无力抵挡欢愉的诱惑而做伤害自己的事。一个非常典型的例子就是，明知道会破坏对情侣来说最重要的亲密关系，却仍然选择出轨（如果主要的亲密关系是一场灾难或是开放式的关系，那显然就更复杂了）。同样，我们会避开非做不可但让人感到不快的事，因为我们发现做这些事是非常痛苦的。另一个熟悉的例子是，无法结束一段已经毫无希望的关系，最后对所有相关的人造成了更多的伤害与痛苦。

　　亚里士多德的建议听起来似乎有些道理，但对纯粹的快乐主义者来说，这些当然不算什么，因为对他们来说，唯一有价值的东西就是此刻的欢愉。这只能表明他们的世界观很贫瘠，因此，就像亚里士多德所说的，如果让自己完全受制于这一刻对欢愉的渴望，或者避开痛苦，最终会损害我们的利益。认识到这一点就相当于认识到，我们的人生不只存在于美学领域。我们既活在这一刻，又在时间上持续存在。这个真相是纯粹的快乐主义者拒绝接受的。但正因为这是真相，无法认识到这一点就表示他们永远无法真正得到满足。

这一切都意味着，如果我们将"及时行乐"解读为对狂欢的直接召唤，解读为一种相信我们应该只为现在而活而不管明天会怎样的信念，那么它就不是恰当的生存准则。欢愉的片刻之所以珍贵，是因为它们会"过去"，因为我们无法让它们延续得比实际更久。这可能是产生遗憾的原因所在，但如果欢愉才是最重要的，那么我们留下的只有遗憾，生命终究只是一场伤感的悲剧，我们无法拥有其中真正有价值的事物。这太悲观了，更重要的是，这不是理解"及时行乐"的意义的唯一途径。

欢愉的原则

"把握此刻"这句话可能出自本章开头引用的贺拉斯的《颂诗集》。如果我们重新思考克尔恺郭尔、亚里士多德与多萝西·帕克的提醒,将这些字句当成对狂欢进行直接召唤的警告,那么我们可能可以更细微、公平地看待其中所包含的对真理的解读。

贺拉斯写道:"生命短暂,应该希望更多吗?"两千年后,萨特就这一主题再次说道,我们应该不抱希望,在"绝望中"行动。然而他的意思并不像初看的那么绝望,他的重点是说,我们的寿命是有限的,能做的事情也有限,而且我们无法依靠他人来完成我们的计划。我们应该"不抱希望地行动",这不是指我们不能努力去争取更美好的未来,而是指我们不应当被蒙骗,认为无论是通过自己的努力还是他人的努力,我们所追求的未来都一定会到来,"毫无希望"和"绝望"的说法实际上不过是萨特式的夸张而已。

萨特对希望的讨论可以作为对贺拉斯诗作的有用评注。我们说希望不应该比生命更长久,这不是说我们应该不做计划。而是说,我们应该记住自身能力的极限。最重要的是,我们的寿命是有限的,这一点非常重要,因为它引出了"把握当下"的劝诫,引出这一劝诫的是我们终有一死的事实,而不是"我们只存在于此地此刻"这种更为极端的观点。

这种情绪在下面的诗句里得到了扩展:"说话间,嫉妒的时间便悄然流逝。"时间是宝贵的,不应该浪费。但这种说法依然和"我们拥有的全部就是现在"不同。驱使贺拉斯产生这种思想的是"人生苦短",而不是"此刻的无法逃避性"。但我之前驳斥过的快乐主义却是以暗示或明示这种更强硬的立场为基础的。但从"生命短促"无法直接得出"只有现在才是最重要的"这一结论。从前一句话跳到后一句话和心理相关,和逻辑无关。

这些诗句的高潮是以下关键信息:把握此刻、尽量不要相信明天。第二部分是重点。不是"完全不要相信明天",而是"尽量不要相信明天"。这种限定性的说法暗示我们不能完全忽视明天。这是比较明智的,就像多萝西·帕克的短诗所表达的:那些彻底忽视未来的人注定会在每天醒来时哀叹。他们不曾为之考虑,也不准备去面对已经悄然到来的明天。

这样一来,跟酒吧哲学家和快乐主义者相比,贺拉斯更了解为何我们应该把握当下,以及这样做的意义到底是什么。我们需要尽量过好今天,因为生命短暂,而且今天是我们所拥有的少数时日之一。不是因为今天是我们唯一拥有的一天,也不是因为我们应当忽视明天。我们必须将自己的希望限制在人生能够实现的愿望这个范围内,要始终注意"寿命长度并没有保证"这个事实。"将每一天当成你的最后一天来过。"这句话应该改成:"将每一天当成你的最后一天来过,但这一天也可能只是你这短暂人生中的又一天而已。"而且我们也要记住,明天可能会来。所以,"尽量享受今天"的前提并不是"明天不会到来",而是建立在另外两个可能性的基础上:"明天或许不会来"以及"至少有一个明天不会来"。

这种关于"及时行乐"的解释显得更加合理。但要注意,这并不能让生命有意义。它并没有告诉我们在人生中要做什么，只是说了我们应该怎么做。不管我们是如何找到意义的，都需要确定自己尽量用好了自己的时间，而不是浪费了宝贵的时间。至于说在哪里才能找到意义，"及时行乐"并没有给出建议。

所以，如果认为追求享乐最能包含"及时行乐"的内涵，那就曲解了这句话本来的意思。尽量享受每一天的意思只是，如果快乐是我们能从人生中得到的最有价值的东西，那就应该从每一天中得到最多的快乐。但对还看重其他事物的人来说，"把握今天必然等于把握今天的快乐"这种看法是很肤浅的。我们已经看到，有理由认为，为了追求快乐而排除其他一切，本质上是无法让人满足的。

那么，如果不做一个快乐主义者却"把握此刻"又会怎样？人生中有很多宝贵的事物，这个问题也有很多种答案。爱很重要，但只有傻瓜一样的浪漫主义者才会认为爱总是和快乐有关。许多电影中都会有这样经典的场面：某个坠入爱河的人必须要把爱说出来，或者一对情侣相信他们一定要再给彼此一个机会。在这两个场景中，主角们喊的是把握今天，这不是因为他们在追求纯粹的快乐，而是因为爱很重要，而生命又很短暂，所以不能太快放弃或者不给爱情机会。

《死亡诗社》这部电影的主题就是"及时行乐"。电影中，某个男孩儿在地方剧社的《仲夏夜之梦》里饰演小妖精普克，他想"把握此刻"。但他违背了父亲的意愿，后者认为他应该把全部精力都放在学习上。结果因为父亲逼他退出演出，他在绝望中自杀。这部电影避免将男孩的死亡作为一种严肃的方式来探讨他的选择是否明智,并且,从电影所展示的情况来看,这一选择是否正确也难以确定。但这个简单的寓言故事展示了"尽量享受生命",可能意味着创造性地或以艺术的方式表达自我,而不只是埋头工作。而且,电影中的角色不只是,或者主要不是为了体验快乐。进一步说,这不代表要拒绝关注今天之外的未来。参演一部戏剧需要彩排和练习,而且可能永远都没有上场表演的机会。就像贺拉斯说的,你应当"尽量不要相信明天",但完全不相信明天也是你承担不起的。

我们在人生中最重视的一切(人际关系、创意、学习、美感体验、食、色、旅行)让大家"把握此刻",就是让大家在还有机会的时候珍惜它们,而不是无限地拖延。做某些事需要付出努力和花时间,而通常最佳的做法是不要尝试在今天做完每一件你想在死前做的事。"及时行乐"的真正内涵不是使人变得恐慌,现在就要人体验每件事,而是要确定每一天都没有浪费。

我曾经论证,"及时行乐"并没有告诉我们人生应该做些什么,只是告诉我们应该怎么做。也可以认为,至少这个教义确实告诉我们什么不能做。难道它没有警告我们不要去追寻超越自己寿命限制的人生意义吗?我甚至都不认为这是对的,就像萨特对绝望所做的评论,这并不表示他认为我们不应该为无法独立实现的更大的善而努力。想想下面这个简单的例子,这是一位伟大的人道主义者的故事,我们能看出其中的原因。

直到现在，托马斯·巴纳多博士的故事都在英国家喻户晓。巴纳多是维多利亚时期的伟大慈善家，他于1870年创建了第一个贫困儿童收容之家。他亲自走访贫民区，寻找需要帮助的孩子。当时，由于收容所人满为患，于是他将一个11岁大的男孩儿拒之门外，两天之后这个孩子被人发现已经死去，自此，巴纳多博士以"永远不拒收任何一个贫困儿童"作为原则来管理他的收容之家。

巴纳多1905年去世时已经开设了96间收容之家，收留了8 500多个孩子。他把自己的人生奉献给了无可避免会超过他寿命的美好目标，他帮助的那些孩子大多会比他活得更久。他还参与推动了一项远大的计划——根除儿童贫困，这是一个他在有生之年无法实现的目标。萨特也发现他不可能靠其他人继续做他未完成的工作，不过在这个例子里，有慈善团体以他的名义继续推进他没有完成的事业。巴纳多关注的显然不只是今天，还有许多即将到来的明天，包括他去世之后漫长的时间。

尽管如此，巴纳多却展现了"把握此刻"的精神。在拒绝收留那个男孩儿后的几天时间里，他的无所作为造成了极大的不幸，这个结果成了驱使他行动的动力。他决定永远不再拒收贫困儿童，这反映了他遵循的一个信念：等到有能力时才去帮助有需要的人是不够好的，如果他们今天需要帮助，那么今天就必须帮助他们，否则就没用了。巴纳多用双手把握今天，让其他人也有机会把握今天，如果不是这样，这些人根本就没有机会把握今天。

巴纳多的利他主义与以"此地此刻"紧密相关的，以自我为中心的快乐主义形成了鲜明的对比。但我认为巴纳多的例子是有关把握今天很有启发性的例子。这个例子让我们看到帮助他人如何能让人生有意义，因为巴纳多的目标是让他救助的孩子过上温饱的生活，让他们的人生值得过下去。这并不是为了做慈善而做慈善，为了慈善能实现的东西而做慈善，这能让生命在此时此地更美好。

如何把握今天

演员科林·法瑞尔曾炫耀自己手臂上"及时行乐"的文身。他对《多伦多星报》的记者说："它的意思是把握今天，活在当下并享受生命，尽量不要去担心明天，试着让昨天过去。"如果及时行乐真的是这个意思，我得说科林·法瑞尔试图这样过日子是错误的。仅为此刻而活、忘掉明天或者昨天并不能给人带来满足。问题在于快乐总是来了又消失，而我们想象中永远不会到来的明天几乎总会到来。纯粹的快乐主义留给我们的就是空虚，总是渴望更多快乐，就注定永远都得不到满足。柏拉图、亚里士多德、克尔恺郭尔以及帕克都为此警告过我们。

这个信息说明，我们需要反驳那些想以某些广告和生活方式作为快乐的标准的杂志。它们似乎承诺，如果我们可以享受足够的大餐、短假期、长假日、美食、聚会总是塞满我们的生活，我们就能获得足够的快乐，拥有圆满的人生。它们助长了一种快乐主义式的沮丧，即害怕其他人享受比我们更多的快乐。在威廉·萨特克利夫对背包旅行文化进行嘲讽的作品《你体验过了吗?》(*Are You Experienced*？)中，如果你对标题提出的问题做了否定回答，就是承认我们没有活过!

亚里士多德认识到，享乐在美好人生中确实有其应该扮演的角色，或许比大多数哲学家所认为的还要重要。但这只是人生的一部分而已，尽量过好今天不只与此刻的存在有关，也不只与享乐有关。当我们不把本来今天能做到的事往后拖延时，就是把握了今天，放弃在未来做只有那时才能做的事并不是把握今天。

把握今天这一观念并没有告诉我们人生中最重要的是什么。必须找出重要的事，否则我们"把握"的对象就会显得空洞或者缺乏价值。"把握此刻"的智慧在于时间短促，这是我们唯一拥有的一生，我们不应该将其浪费。如果你认为这表示只有欢愉才能算数，而永远把时间花在一触及就变为过去的片刻，那么智慧就变成愚蠢了。

9 释放自我

> 解放你的心灵，你的屁股便会跟上，天国就在其中。
> 打开你胆怯的心灵，你就能飞翔……
> ——疯克德里克乐队《解放你的心灵，你的屁股便会跟上》

如果我们要寻找智慧，那么乔治·克林顿和狂野的疯克德里克乐队的这段歌词可能不是一个明显的去处。疯克德里克乐队的这段歌词所体现的不是宇宙的某种深奥真理，而是获得启蒙需要解放思想这个很受欢迎但又模糊多变的观念。这个观念可以追溯到诸如佛教之类的东方哲学，但它之所以控制了西方人的想象力，可能与20世纪60年代的社会思想以及迷幻药有关。生命的意义无法靠认真彻底的思考来发现，而是要靠心平气和、解放心灵、放逐自我来发现。将你自己调节到与宇宙同步的节奏，如果那是疯克德里克乐队的节奏，"你的屁股便会跟上"。

正如我之前已经指出的，思考这种可能性的一个问题是它完全不是一个单一的概念，而是一大堆来自佛教、神秘主义、20世纪60年代的反主流文化、新世纪的胡言乱语以及自我帮助概念的融合。但一个反复出现的主题，其关键是要抛弃自我，放松对自我的控制，转而向更广泛的世俗屈从。这就是说：与其认为人生意义是"我"能够实现什么目的，"我"能不能快乐满足，或者"我"能过多好的生活，我们不如将其视为少关注这个"我"。因此，我们没有解决"为何我在此？"这个问题，就像明白这种利己主义的问题原本就不该问，也不能解决该问题一样。解放我们的思想后，我们会发现，"我"变得不重要了。

我关注的并非应对这种观念的每个主要变化，而是这个广阔的角度产生的一些最普遍的问题。这个方法确实具有局限性，我会在后面展开探讨。我的策略是询问这种观点如何能变成生命意义的钥匙。此处有两个答案：第一，它反映了一种基本真相，即自我并非真实存在。在学习从自我意识中分离出来的过程中，我们会变得与现实的真正本质更加一致。第二，自我是真实的，但要让自我找到意义所在，就要避免太在意自我，不过这个答案听起来有些矛盾。通过考虑这两个极为常见的可能答案，我们可以衡量这一组不同观点在提供人生意义方面的潜力。

没有自我

有一个众人皆知的故事：笛卡尔曾思考，有哪些事实能够超越所有怀疑？最后他发现只有一个事实，即他在思考的时候是存在的。他在《谈谈方法》中写道："我对'我思故我在'这个真理非常肯定，而且有证据支持其毋庸置疑的基础，无论怀疑论者的质疑有多苛刻，都无法撼动这个真理。"如果笛卡尔是对的，自我的存在不仅一定是确定的，还是所有事物中最确定的，那么其他事物的存在都是可以被怀疑的。但一个人却无法怀疑自我的存在，因为在怀疑的同时，自我已经展示了它是存在的。只有当一个"我"正在提出这种怀疑的时候，才可能出现"我怀疑我存在"的思考。

如果笛卡尔是对的，那么因为自我只是一种幻觉，所以我们应该脱离自我这个说法就完全错了。自我不是幻觉，而是现实最确定的特征。但笛卡尔是不是可能弄错了？许多人都这么想，主要的问题是笛卡尔太过于肯定。他在思考的时候，真正能够笃定的只是"有一个思考正在进行"。他不能从中得出结论——这个思考表示有真正的自我或灵魂存在。

伟大的苏格兰哲学家大卫·休谟敏锐地提出了上述质疑，他声称自己曾经试图抓住自己的思考，以便重现笛卡尔的笃定感，但没有成功。

> 当我以最深刻的方式进入我称为"自我"时，我总是被冷热、明暗、爱恨、痛苦或压力等某些特殊的感觉或其他东西干扰。在任何时刻我都无法抓住不受知觉干扰的自己，也没有看到除知觉之外还有什么。我只要一排除知觉，像熟睡一样，我就感觉不到自己，而且可以确实地说，我根本不存在（《人性论》，第一卷）。

任何人在任何时候都可以做休谟的实验。尝试内省并想办法意识到自我。休谟认为你一定会失败，你会意识到某些特定的观念以及感觉，却意识不到"拥有"这一切的那个自我。因此，休谟的观点后来被称为自我的"捆绑"理论。自我不是拥有思维和感受的单一实体，更像是相互关联的思想与感受本身的集合。

休谟肯定不是神秘主义者，他也没有倡导以任何方式来进行自我消解，并以此作为获得启蒙的手段。不过他的观点和佛教的"无我"观确实极其相似。佛教认为人是由"五蕴"构成的，"蕴"的字面意思是成堆的堆积物。五蕴包括"色"（身体的物理构成形式）、"受"（感受）、"想"（知觉）、"行"（精神组成物，包括思维过程和意志）、"识"（意识）。这种观点与休谟理论的类似之处是"自我"并非五蕴之一，也不是别的"东西"。我们不如说它就是五蕴的集合。

有人将自我与一辆推车进行类比来解释这一主张。金刚比丘尼是与佛陀同时代的人，也是一位"阿罗汉"，她是一位被认为已经达到启蒙的最高境界的人。她写道：

> 当所有组成部分都在时，
> 就有了"推车"的名，
> 因为有了五蕴，
> 就有了所谓的"生命"。

一辆推车只是由多个零件组成的，并不是某个超越推车零件的东西。同样，我们所说的自我，即个体人类，只是五蕴适当的组合罢了。

这是否表示自我只是一种错觉？这么下结论可能太过武断。例如，在这个类比中，如果说推车不存在，那么显然是愚蠢的。推车只是其所有零件的总和这个事实并不代表这个"总和"是虚幻的。的确，如果推车是其零件的总和，只要零件存在，推车就必须存在。只有当我们持有奇怪的现点，认为一辆推车与推车零件的适当组合不一样时，才会有错觉之说。同样，只有把自我视为一个分离的独立实体，能够独立于构成它的特定身体、思想和感受而存在，自我是一个错觉这种说法才有意义。如果一个人接受佛学的教诲或休谟的观点，那么这似乎是唯一能得出的合理结论。

这很重要，因为如果这是"自我是错觉"的唯一合理解释，那么是否能够证明下面这个信念：为了与真理和谐并存，我们应当寻求某种方式以摆脱对自我的依附？也就是说，接受休谟式的"捆绑"观或佛教的"无我"观，从而自我消解，是不是我们所能选择的最理性的行为？

在某种意义上，减弱对自我的依附似乎是接受上述任何一种观点的合理反应。如果自我只是一个总和，那么我们在肉体死亡后继续存在的希望是很渺茫的，因为死亡会毁掉维系自我的一部分构造。因此，我们要记住，我们的存在是身体、思想和感受的偶然集合。

这可能和佛教的重生观念相矛盾，佛教相信人会重生（和印度教的灵魂转世说类似），佛教徒的重生信仰很难与人类寿命有限，以及意识依靠大脑存在这些我们知道的知识相容。我认为，唯一可以与"无我"观相容的就是接受一些我们没有理由接受的信念，例如被称为"心"的一系列思想过程，其会在死亡时从一世生命转移到另一世生命。除了接受佛经，似乎完全没有相信这些说法的根据。但即使我们接受佛经，这似乎也不是一般人理解的那种个体自我的延续。而是比较像某个自我将一根"意识接力棒"传递给另一个自我。

所以，无论我们是赞成佛教的教义，还是休谟更世俗的"捆绑"理论，似乎都没什么理由期待今生的自我会有某种真正的来世。但是就其他方面来说，即使我们接受"无我"观或"捆绑"观，减弱对自我的依附，也不一定就是合理的。两种观点只是想解释自我意识到底是什么，而且认为自我不是独特的、独立存在的实体，但并不能说我们应当努力拆解这个集合的自我。我们知道一辆车是零件的组合，但不会因此认为这辆车最真实的存在形式是它被拆解成的零件。如果这件事能够让我们思考一番，那么结论是：只有让这些零件适当地组合，才能说它是一辆车。同样，如果自我只是身体和大脑正常运作产生的思想和感觉的产物，那么没有理由认为，如果以某种方式寻求自我消解，就能活得更真实。如果我们认为应该为自我消解努力，那么我们需要找到比"没有永恒的自我"这个信念更好的理由。

自私地失去自我

还有另外一种可能。我们认为应该减少对自我的依附，不过这不是因为我们想真正反映现实的真实本质，而是因为只有这样做才能促进自我发展。你可能觉得这是心灵的一种逆向心理学，就好比如果你希望引起所爱之人的注意，你就应该忽视他，而不是时刻都向他献殷勤。同样，如果你希望促进自我发展，你就必须学会不要太在意自我。这种观念有些自相矛盾，它听起来很深奥，但实际上却很空洞。

通过某些方式减少对自我的关注可能会有些好处。但就算这是好事，人们还是很难认为它会赋予生命任何意义。比如，我认为如果人们太过于专注与自己相关的事，特别是自己的问题，就很难在世间过得轻松快乐。这种人生就是伯特兰·罗素所说的"焦虑且被禁锢"的人生。这种人的确需要少关注自身，而应该用更宽广的视野看待世界，这样可以将他们从毫无建设性的自我中心主义的心理陷阱中解放出来。但这最多只是移除了使生命存在意义的一个障碍而已，其本身并不能让生命有意义。

另一种状况是，有人在练习一种可以减少个人自我意识的冥想。就像我们之前看到的，如果因为"自我是一种错觉"而认定这种做法值得尝试，那就是打下了错误的基础。另一个可能的理由是，这种冥想技巧能让人感觉更好一点儿，比如更平静或更易于接受。但是，虽然这样做有好处，却依然没有赋予生命意义。我们得问，为什么更平静地接受自己在世间的位置有助于赋予生命更多的意义？毕竟，难道不能说这样的感觉使我们屈从于生活中的各种事情，而不是全身心投入生活？这是尼采所谓的拒绝生命的理念吗？这种理念是否让我们放弃了想要活得充实就必须奋斗的信念，而只是安慰了我们，给我们留下了更少的东西？这些问题都需要解答。不少人说，他们在进行这种鼓励减少自我意识的冥想后有所收获，但还不足以下结论，说这类冥想可以赋予生命意义。

对于为什么应该尝试放弃自我意识，有第三种可能的解释，即在这样做后，我们可以与宇宙合一。我们失去了自身的独立性，觉得自己成了整体"存在"的一部分。

我得再次强调一个许多人觉得值得更认真去检验的概念。但这个概念有些矛盾。如果某人真的摆脱了自我意识，他就无法说出任何与宇宙合一的感觉。不如说，在冥想结束时，冥想者会经历一个从失去意识到恢复知觉的过程，这有点儿像一个人刚刚从梦中醒来。在这种冥想中得到的任何快乐的感觉必须属于某人自己，否则就没有任何感觉可言了。

这种观念引出的另一个问题是：它暗示了生命的意义并不在于拥有生命。凭借完全失去自我意识达到个人潜能的巅峰，事实上这就是终止存在。我们最后得到另一个听上去令人惊讶的矛盾式结论，即你人生的意义在于让你失去所有关于生命的感受。而这是可以实现的，死亡就可以让其实现。

我之所以显得有点儿不近人情，原因是我觉得某些声称自己试图减少自我依赖的人非常不坦诚。一个明显的事实是，发现这个方法行之有效的人正过着心满意足的生活。也就是说，他们喜欢他们的"灵修"，这类活动能让他们觉得满足、平静，反正比他们过去尝试过的其他方法更好。所以，虽然他们对失去自我大加赞赏，但事实上这只是另一种形式的自我满足。这并非功利，也对人无害，所以我们倾向于以相当宽厚的态度来对待这件事，但怎么看这都不能被当成一种无视个人利益的生活方式。

确实，令人吃惊的是，提及"灵魂"或"精神"之类的词时，我们会忽略其涉及的自我中心主义。比如，麦当娜说过："我们的职责是在这个世界上旅行，与此同时还需要明白，唯一重要的事情就是我们灵魂的状态。"她的这番话听起来似乎很有"灵性"，但她表达的完全是一种以自我为中心的态度。"唯一重要的事情"就是我们自身的内在状况。

和在修道院或社区内微笑着生活的人相比，忍受困难去帮助别人的人更能表现出他们的奋不顾身。无论你如何看待这个观点，它都涉及自我满足，而不是降低对其的关注。这可能是一种值得一过的人生，但我们必须看到它的本质。

还有人说，冥想能够赋予我们某种形式的知识，其无法用言语表达。在这种情况下，正如维特根斯坦所说："对于我们不能说的东西，必须保持沉默。"我承认自己是个怀疑论者，而这种怀疑论的根据是，既然语言无法形容这种启发到底是什么样的，或者与什么有关，那么我就没有依据来判断自己是否应该亲自尝试一番。毕竟，各种各样的灵修都给出了相同的承诺。它们通常也会强调，必须花上很多年才能获得这种启发。但有什么可以让我只选择这条路，然后将生命中的时间完全用来追求我当前一无所知的某种东西呢？唯一的可能便是这条路对其他人产生的影响令我难忘，而我想和他们一样，也相信自己能变得和他们一样。但从个人的角度来说，我发现很多人因为有这种超然感而有些自鸣得意、自以为是且冷漠疏远。

但我还是承认这些灵修背后可能存在真理。我看得出来，冥想可能构成有意义的人生的一部分，就像我能够看出快乐、欢愉、追求卓越和爱可以构成有意义的人生的一部分一样。这些都有助于让我们的人生值得一过。但它们也都只能根据其对人生目标是否有贡献来判断。

因此，举例来说，某人可能确实在冥想中感觉到深沉的宁静，或者感觉到与宇宙合而为一。这些感觉可能会让她认为，只要能拥有这些感受，人生就很值得了。于是，她就能过上对她来说有意义的人生，因为她已经发现一种本身就有价值的生活方式。只有这样，冥想带给我们的好处才能造就有意义的人生。

但必须要记住，灵修者表达的是主观感受而不是事实。如果某人说她"觉得"自己跟宇宙合而为一了，也并不表示她就真的与宇宙合而为一了。就像某人说她听见了神的声音，并不表示她真的听到了一样。这种感受不能将人引向真理。而且我们之前已经看到了，大多数人对人生的期望之一就是真实地活着，我们不想在现实的本质是什么这种事上被愚弄。我觉得人之所以认为冥想可以让生命有意义，不仅因为这是一种伟大的体验，而且，他们认为这种体验让他们认识到了某种真理。虽然我已经指出了其中的明显矛盾，但他们还是认为所谓的"失去自我意识"反映了某种有关自我的真理。

关于这个问题的讨论不多。灵修者们不是以可以解释的理由作为基础来提出这些观点的，而是以个人信念、主观经验作为基础的。这让持有这个观点的人与信仰神的人拥有相同的立场。我在前面已经讨论过，这种信仰是有风险的，因为它的论证基础通常并不牢靠。这样一来，灵修者们声称的那种知识被限定为无法用语言表达的知识，没人能对这种信仰的对象直接说些什么。只能说，持有这种观点的人应该认识到，无论他们的个人信念有多强，从整体上来讲，这无法给他人提供效仿他们的好理由，甚至对他们自己来说，这些理由也算不上好。

限制你的心灵

我确信，很多人认为，我对应该减少自我依附这一观点的驳斥实在太过草率。也可能有人正确地指出，由于我的专业是西方哲学，我可能对东方哲学中的相关主题内容了解得并不够多。如果我了解得更多，或许就会表现出更多的尊重。所以，这位我想象中的批评家继续批评我的思想太狭隘了，过快地把值得认真注意的论点排除在外。

我当然同意我们必须勇敢尝试并避免沙文主义。人们通常会非常强烈地倾向于接受他们随机的成长环境中流行的观念，而拒绝外来的或陌生的观念。的确，这是怀疑宗教的理由之一。因为虽然各种宗教都声称其揭露了关于神绝对本质的普遍真理，但信仰哪一种宗教似乎主要取决于地域性的偶然因素，比如在哪里长大、父母信仰什么宗教或哪种异国宗教正在流行。

但是，只针对宗教来谈论这一点是不公平的。在哲学这一领域，地域性偏见也同样盛行。在英国的大学里受过教育的哲学家几乎不认同大部分法国哲学，他们觉得法国哲学矫揉造作、晦涩难懂而且空洞无物。但在法国受教育的哲学家就不会这样看待法国哲学。所以，显然在某种程度上，地域性的偶然因素会影响人们对各种哲学孰优孰劣的看法。

这一切都是真的。但随之而来的会是什么？我们必须假设所有的替代观点都是同样有效的，直到我们自己彻底地检验它们，并证明并非如此。我们无法遵从这种策略。世界上的信仰体系太多了，对于我们为何存于世，我们应该怎样生活的解释也太多了。如果拒绝满足于被局内人视为肤浅的理解，而试图从内部检验所有问题的真相，那么我们应该怎样着手？这是不可能做到的，因为人的寿命有限。其中某些问题实际上要求人们进行终身实践，这表示你无论怎样都只能够"检验"一种观点。

想以信徒认为的，能够真正理解这些信仰的严格标准来检验各种信仰体系是不可能的。但在有人拒绝这个信仰体系时，人们通常还是坚持认为，那些拒绝者无权排斥这个体系，因为他们还没有深入地去了解这个体系。

这突显了一个我们在试图寻找人生意义和目的时都会碰上的两难困境。当心胸开阔这一美德广受赞许时，人们通常不会注意到，如果我们想有所进展，我们就要在某种程度上限制自身的思维。一个人无法对所有可能存在的选择都保持同样的开放态度，否则到头来会变得什么都不相信。但人必须活下去，必须对人生的发展方向做出抉择，这是无可避免的，甚至不做决定也是一种决定。认为度过人生的最佳方式是主张彻底的不可知论，就等于认为悬而不决的人生选择比其他的人生选择更好。

生命短暂，我们不能永远不思考自己生命的意义是什么，我们应当尽全力做出最佳判断，而不能等搜集完所有证据再做判断。这样做会有一些风险，因为我们当然有可能忽略某个最后可能被证实为真的想法，但这样的风险是无法避免的。如果我们在那些不是主流的想法上花费太多时间，并因此完全忽略其他想法，就有错过好的想法的可能。而如果我们在许多想法上花费的时间太少，就无法完全公正地评价这些想法。

那么，在投入相对较少的关注的情况下，个人要如何决定在哪些想法上投入时间，而将哪些想法搁置一旁？我们可以将想法分组，用类似的方法处理相似的想法。举例来说，我们可能会得到这个结论：看不出有什么理由要相信上帝或诸神，我们可能经过长时间的思考才得出这个结论。显然，如果有人这么做，那么这个人很可能会集中思考某一个或两个宗教。但如果这个人基于自己认为恰当的理由得出上帝不存在的结论，那么对所有她不太了解的宗教信仰来说，只要那些宗教主张信仰神，就没有必要花大量时间去验证了。也就是说，如果你在最具普遍性的层面上花了很长时间认真地思考，你就不用再花时间在你已经拒绝的那种信仰体系里逐一检查每一个例子。

另一个有必要运用这种方法的领域是超自然领域。总是有人声称看到了超自然现象。我们不可能评估每一种说法的准确性，其实你也根本不用这么做。如果你已经检验过一些例子，并且得出结论——没有证据表明有鬼魂或灵异现象存在，那么下次如果有人说："啊，但你要如何解释汉普斯特德老街上那个吃郁金香的捣蛋鬼？"那么你只需回答他，你无须针对这个特例进行专门解释。经验已经让你知道，在任何疑似闹鬼的事件中，没有鬼魂出现的实际证据。更进一步说，我们对这个世界以及人类生命所知的一切都显示不存在鬼魂这种东西。既然举证责任不在你，你就无须大费周章地证伪每个你还没有见过的案例。你不相信这些故事的理由已经足够有说服力了，如果还继续花时间去认真对待那些没有理由接受的主张，就显得太不明智了。

简单来说，一个人必须形成某种信仰层级，同时不要把注意力集中在看似与其矛盾的众多特定主张或信仰体系上，而只关注最具普遍性的假设本身。这就是为什么我没有被说服，而花更多时间去了解佛教。我最基本的信念之一便是：人类本质上是有形世界的动物，无法在大脑死亡后继续存在，至少在科技发展到足以有效复制大脑前还做不到。我不是想在这里为这一主张辩护，不过我确实认为，有关此事的证据是非常有说服力的，所以任何认为人格能依靠其他神秘力量或原则（比如佛教中的"心法"或"五蕴"）存在的信仰体系，我都觉得没有理由认真对待。在我确信理由并不充分的普遍性解释中，佛教只是其中之一，因此我不认为有必要去仔细查看这类信仰体系中的所有个例。也就是说，我觉得我必须有所选择地忽略这些信念体系，以便确保我的思维不会原地踏步，而让其富有成效。

另一方面，当涉及我关注的首要主张时，确实需要保持开放的思维。如果我看到具有说服力的初步证据，指出我坚持认为人类寿命有限这一观点是错误的，那么我的信念体系就受到了威胁，而我必须仔细地审视它。但要注意的是，我需要有力的证据来确定我的观点是错误的，而不只是某个明显的反例或一个反面主张。一个鬼故事，或者数千年前人类还几乎不甚了解大脑工作原理时发明的宗教教义，都不足以让我认真地再次检验自己的信念体系。

我们都必须做这种权衡。你最基本的信念很可能和我的不一样，而且你因此必须忽略或应该仔细检验的每一种观念也可能与我不同。但你没有其他选择,只能采用类似的策略。你不能就此彻底检验每一种似乎与你的信仰相矛盾的观念。你拒绝的某些观念只是你已经拒绝的某种思维的另一个例子而已,大可不必在意,而某些观念在你看来则是有趣的挑战。保持思维开放的关键是公平坦诚地对其进行区分,发现真正的挑战,并且对于新选择出现的可能性总是保持开放的态度。最基本的是,你必须认识到你可能就是错了。但给予每一种选择同等的信任,与其说是思维开放,还不如说是茫然不知所措。

我发现,有些人可能认为后面这些观念令人难以接受。开放思维这个观点太过普遍,缩小思维范围的建议基本上都会被当作异端。但这是唯一的办法。你会像对待世界主要宗教信仰那样认真地去对待大卫教派以及其他基督教边缘教派的主张吗?当某人声称世界末日即将到来,你总是会去彻底查证这些说法的真实性吗?我希望你不会这样做。我们缩小自己的思维范围不仅仅是为了避免浪费精神,也是因为我们必须这样做。

不过,在某个方面我们确实应该保持开放的思维,即对差异尊重和容忍。在内部评估所有信仰的形式是不可能的,但这不应阻止我们赞成或是反对其中的内容,或是像我一样,清楚地反对这些主张。但这应该提醒我们,要避免"完全"排除这种可能性——其他人有可能发现我们不知道的宝贵生活方式或真理。相信我们认为有充分根据的事,摒弃我们认为没有充分根据的事,这样做不会被视为傲慢自大,只有当我们拒绝接受自己出错的可能性时,我们才算是傲慢自大。

"我"的回归

回到本章的主题，通过摆脱你的自我来解放你的思想，似乎不是找到人生意义的成功之路。就算是这样，从某种意义上来说，自我是一种错觉，但还是没有为我们提供理由，让我们尝试消解使自我得以存在的工具。最终，暂时失去自我意识似乎也是一种自我满足的方式，所以应该检验任何能剥夺自我意识的技巧，判断一下这种技巧带来的效果能否构成人生意义的一部分。永远丧失自我意识就是死亡。

减少对自我的依赖，可以将自身从对个人福祉的自恋式关注中解放出来，这是件好事。但这最多也只是移除了达到满足的一个障碍，其本身并非意义的来源。某些冥想技巧可能让我们感觉自己能与更广阔的宇宙有所联系，但这不代表我们确实与宇宙相连，或与万物合而为一。

当然，有些人声称，丧失自我意识带来的那种启发的感觉无法用言辞表达，因此，不可能像本书提到的其他概念一样用相同的方法分析。但我仍然确信，除了理性论证，没有其他更好的方法来检验各种观念。这不要求你事先相信任何事，你可以清楚地陈述、评估以及批评一个论据。如果论据有缺陷，就展示缺陷所在。我并不是说任何有价值的观念都一定是理性论证的产物。我想说的是，理性论证是检验观念的最佳办法。当某些人说他们的看法无法讨论或辩论时，其他人当然就没什么好说的了，也确实没什么好说的了。这就是为什么我不会为不进一步思考和讨论这类观念道歉。这样可能会被人认为态度轻蔑，但我认为我只是在认真地对待"某个主张无法使用语言进行表述"这一主张：尝试讨论无法用言语表达的东西根本没有意义。你还不如试试把一首交响曲喝下去。

10 无意义的威胁

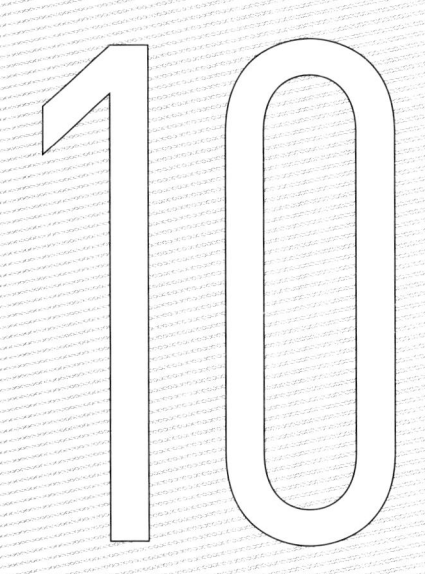

> 我的生活没有目的,没有方向,没有目标,没有意义,但是我很快乐。我不知道为什么。我这样做对吗?
> ——漫画家查尔斯·舒尔茨

一本讲法国现任国王的书存在的问题是：这本书的主题并不存在。同样，"生命没有意义"的可能性也会威胁这本书，或者任何以人生意义为主题的讨论，让其成为空谈。这种威胁确确实实存在而且形式多样。

在第 8 章中，我介绍了一种可能性，即人生或许原本就没有意义，我们必须接受这种事实。创作史努比漫画的漫画家查尔斯·舒尔茨似乎就是这么认为的，但他的反应却很冷静。一方面，阿尔贝·加缪认为人生毫无意义这个事实（他认为如此）提出了一个迫切需要得到回答的问题：为什么不自杀？加缪认为自杀并不是最佳选择，应该面对无意义人生的"荒谬性"，勇敢坦诚地接受它。像舒尔茨那样轻率地拒绝人生的无意义，认为这不构成任何问题是不行的。人生真的没有意义吗？如果确实如此，我们是应该像舒尔茨那样还是加缪那样回应？

某些人采取不同的办法来驳斥人生有意义这一观点，他们认为，所谓的人生意义这个问题根本是个伪命题。重点不是人生有没有意义，而是按这个逻辑谈论人生根本没有意义。追问人生是否有意义就像问一首曲子是用过去时态还是未来时态写的一样没有意义。生命就不是那种能有意义的东西。

无意义的威胁可能以第三种相当不同的形式出现。我们也许认为，人生虽然可能存在意义，但追寻却没有意义。因为显而易见的是，就算是历史上最有智慧的一群人，在"意义是什么"这个问题上显然也没有达成一致意见，而我们在讨论这个问题时比他们更具智慧的概率更是微乎其微。

是否能消除这三种对人生意义可能性造成威胁的障碍？

无意义的意义

先想想那些不认为人生有意义的人。这里的问题是，通常只有在我们将自己限制在用狭隘的方式思考人生如何才算有意义时，"人生无意义"的观念才为真。如果我们这样做，我们可能会认同人生在这种特定描述下是没有意义的。确实，这本书实际上就是这么做的。比如，如果我们认为人生必须在有目的的情况下被创造才有意义，那么我同意人生是没有意义的。我希望我在第 1 章中的论证已经充分说明，我们无法从生命的起源中找到意义。如果我们认为人生要有意义，就必须为延伸到此生之外的某种未来的目标服务，我也认同这样的生命是无意义的。在第 2 章中我论证了：因为有证据证明人的寿命是有限的，所以人生的意义不能无止境地往后推到未来的某个目标上，因此生命的意义不能放在超越此生或者此生之后的目的上。

在我看来，当大多数人说人生没有意义时，他们说的是以上述一种或全部前提作为基础来谈论意义。他们其实是说——我觉得很有道理，我们的生命不是因为某种意图或目标而被创造出来的，没有任何超越此生或此生之后的事物可以让我们此生做的事有目的。但因此就说"人生没有意义"等于忽略了许多其他让人生有意义的方式。舒尔茨说"没有目的，没有方向，没有目标，没有意义"时，前三项并不一定能推导出最后一项。

如果我们发现人生不用追求进一步的目标或目的，人生本身就有价值，那么人生就有意义，但缺失的正是这个部分。本书的大半篇幅都在就为什么会出现这种情况进行论述。实际上，甚至连舒尔茨都对这一点有所领悟，他说："但我很快乐。我不明白其中的原因，我哪儿做对了？"舒尔茨假装不理解这一点，即自己对自己做的事情感到满足就足够让人生有意义，因为这些事本身就让人生值得一过。他假装不明白只是因为他假定人生的意义必须来自超越生命自身的目的或目标。在消除这种想法后，舒尔茨到底"哪儿做对了？"的问题就不再令人困惑。

如果人生是荒谬而且没有意义的，那么我们要如何生活？在解答加缪的这个问题时，类似的思维也适用。同样，"没有意义"的说法也是在某些特定的情况下才成立。这并不是说，只要转换加缪的措辞，就可以把加缪提出的问题全部解决。当然他也认识到了，他论证的是在某种定义下没有意义的人生，我们还可以在另一种定义下活得有意义。但因为他认为，认识并接受人生的"荒谬性"对于真实存在是必要的。因此他可能认为，拒绝承认人生的无意义是因为"有意义"这个说法具有不同含义，而这会使我们无法正视人类处境的真相。

我们在这里面对的是一种根本的困境。对几乎所有否定人生意义的人来说，他们真正拒绝的似乎只是人生有某种特定意义，即由处于这个世界之外的因素、目的或原则所决定的意义，这不能推导出"人生毫无意义"这个结论。他们所谓的"人生没有意义"看起来似乎只是夸大了这种说法。

但冷静和意气消沉的人说出这种夸张的话，却有两个极其不同的理由。在某种程度上，冷静的人因为人生意义缺乏外在来源而欣喜。舒尔茨可以拿自己的人生缺乏意义来开玩笑，因为就存在来说，这似乎并不重要。他的人生很快乐，重要的是，他的人生对他自己是很有意义的。另一方面，意志消沉者认为意义缺乏外在来源，这实际上代表了一种真正的困境，大家应该对此给予足够的关注。因此，要探讨人生的无意义，就必须指出我们面对的处境有多紧迫，被抛弃在这个冷漠、无目的的宇宙中，我们只能自己寻找意义。

鉴于此，略显轻浮的欣喜以及面无表情的严肃态度，这两种对假定没有意义的人生的反应完全相反，似乎有一方犯了严重的错误。要么加缪需要放轻松，要么舒尔茨必须更认真地看待他的困境。但我不确定哪一方的理解有问题，因为使两者得以区分开来的与其说是他们对事实的评估，还不如说是他们的情绪反应。我们可以想象，两人对话时，加缪会试图让舒尔茨改变他心满意足的快乐态度。对于我们的困境，舒尔茨同意加缪说的一切，最后依然说："我认同，不过，这一点对我造成的困扰似乎没有对你造成的困扰大。"这一场景难道不可能出现吗？

与加缪性情相似的人通常认为，那些反应更接近舒尔茨的人暴露了自己的肤浅。对宇宙的无目的表现出某种程度的愤怒与绝望，这被视为真正了解人类处境的标志。如果你对此并不担忧，那就表示你还不懂。但这似乎只是一种存在主义形式的势利行为，最终我们应该怪罪浪漫主义者。我们觉得天才、诗人或预言家必须要经受某种磨难才能掌握真理。诗人华兹华斯曾说："在人类的苦难中，抚慰人心的念头一跃而出。"普鲁斯特写道："只有彻底体验磨难，我们才能从中痊愈。"甚至19世纪的政治家迪斯累里也免不了受这种浪漫派思维的影响，他说："多看、多吃苦、多钻研，这是学习的三大柱石。"磨难几乎每次都会被神圣化，被当成崇高且必要的经历，是获得智慧必须付出的代价。

这里的问题是，一个大体来说正确的道理被转化成了铁律。看看"人从自己所犯过的错误中学习"这句话。如果认为这句话的意思是只能从自己的错误中学习，那就太傻了。有可能的话，从他人的错误中学习要远比从自己的错误中学习效果更好。就像加图在两千年前写的："聪明人会避开傻瓜的错误。"可惜，在我们犯下错误之前，我们通常不会学习。重要的是去学习。

同样，我们还经常在磨难中学习。但如果能够不经受磨难就学有所成，或是从其他人经受的磨难中学习（当然，不能故意"让"别人经受磨难），这就更好。不过，一些人认为磨难"经常"是学习的必经之路的事实意味着磨难对所有学习者来说都是"必要的"。认为从磨难中学习的人一定会比没经受磨难的人学得更多。虽然这一点大体上可能没错，但却并不总是对的。许多人经受了磨难但却未从中学到什么。还有人学得很快，完全避开了经受磨难的必要。

不过也许因为磨难让我们付出了太大代价，因此我们觉得有必要加上一些奖赏。我们不愿意承认自己过去受过不必要或本可以避免的磨难，因为承认这一点就等于接受你现在的人生不如你本来可能经历的人生，而且还没有因此得到任何好处。我们认为那些经受磨难较少的人必然会缺少什么。仅仅接受那些人比我们更幸运这一事实就会让我们感到痛苦。

我认为这种观念也是自欺欺人，即我们无法接受人生中确实有机遇存在，许多磨难也根本无意义。因此，可以指责那些相信加缪精神，认为淡然接受宇宙没有意义就表示你没有深度的人是不真诚的。那些意志消沉、否认生命有意义的人只是拒绝接受他们的焦虑是偶发的，这反映了他们自身的性格，不是每个踏实生活的人都会经受这种心灵的磨难。事实上，无论你是冷静还是消沉地面对宇宙的无意义，这在很大程度上都取决于你作为个人对此事的情感反应，而不是看你的理解深度。

社会和历史因素也起了作用。比如，像尼采之类的思想家宣告上帝已死，这与人们认为上帝的存在是必要的这种预设相左，人们认为上帝存在才能确保人生有意义，道德也才有基础。宇宙没有目的、意义或任何紧迫性的所谓真相，会导致人们意识错乱并产生对存在性的恐慌。如果有人假设宇宙确实有目的，那么这个假设一旦不成立，就注定会让人焦虑。

但如果你在成长过程中本来就没有这些预设，宇宙不存在意义这个主张给人的冲击力就会变小。如果这不是个惊人的主张，如果它没有动摇关于你的人生观和价值观的基础，那么你为什么要对此感到苦恼和愤怒？也许早期存在主义者的夸张话语在很大程度上是由历史因素导致的，反映了他们的观念在某种程度上新鲜、激进、充满挑战，又对社会结构造成了损害。我们生活在一个非常不一样的世界中，如果他们的愤怒在当下让许多人回想起自己的青春，而不是才华，那么也没什么好惊讶的。舒尔茨的《史努比》可能不像加缪的《西西弗斯神话》思想那么深刻，但这并不表示舒尔茨应该像加缪一样厌世。

与事实不相关的论点

因此，"生命没有意义"这个观点似乎纯粹是夸张的说法。我们不用下结论说生命本身没有意义,我们可以接受宇宙本身没有目的,并且意义在这个世界之外没有其他来源这一说法。

但还有另一种方法可以尝试挑战生命必须有意义这一观点,即主张生命不是能够具有意义的东西,所以"人生意义"这个观念本身就是矛盾的。

20世纪初期活跃在维也纳和牛津的逻辑实证论者和日常语言学派哲学家都提出过这种论证路线,但都没有将其说清楚。如今这两种哲学都已经不再流行,但这两个学派都宣称,有时候哲学问题可能是由误会或语言的误用产生的。有时候,我们可能可以很好地用语言表达一个问题,其可以掩盖深层次的矛盾。

A. J. 艾耶尔在一次电视辩论中曾对伯明翰主教休·蒙特弗洛尔的意见做了一个很特别的回应,其回应具有上述观点的部分精神。艾耶尔说:"生命的意义只能由人赋予。"主教反驳道:"如果这种说法是对的,生命就不可能有终极意义。"艾耶尔说:"我不知道终极意义是什么意思!"艾耶尔在暗示主教的话空洞无物。那些话初看起来是在用英语说有意义的话,但实际上它们没有任何意义,因为终极意义这个概念本身就说不通。

"生命的意义根本是荒谬而没有意义的。"关于这句话的论证大概如下:生命不是可以具备意义的东西,就像声音无法承载颜色。所以,就像"一首交响曲的颜色"在字面上毫无意义一样

（虽然可以从比喻的角度这么说），"生命的意义"在字面上也是没有意义的（当然我们也同样可以从比喻的角度这么说）。

想想意义这个词在词典里的各种定义，其一是物品的用途，比如一个蛋糕的意义是被吃掉，因为蛋糕被做出来的目的就是被吃掉。但如果生命只是自然界的产物，那么在这里谈论意图是不合适的，因为生命不是那种为了某种意图而创造出来的东西。

我们也能够有意做某件事，意思是试图做这件事。比如我有意给你打电话，但是我忘了。但同样，生命无法这样有意，只有人能够有意做什么。同理，你可以说一个人有意为善，但生命本身不能有意为善或为恶。

有意也可以等同于表示，所以一个词有它的意义。一个中央有白色水平宽横条的圆形红色交通标志意味着停止。但这不是生命可以具有的那种意义：生命不表示任何事情。

假如我们对"生命的意义"这个概念有矛盾进行论证，在说到意义的意思就是某件事物所具有的重要性时（比如"这件事对我意义重大"），论证就无法继续进行。可以这样说，生命能够有意义，也确实有意义。从中立的角度看，生命本身是无法具有意义的。但生命对我们来说确实有某种意义。生命的意义是什么？这个问题很可能无法与这种解读相契合，但生命如何或怎样对我们有某种意义？这种问题就与这种解读相契合。因此，这个问题探讨的是为何生命对我们有价值，为何我们认为生命很重要并且人生值得过下去。这么一个完全不存在矛盾的问题，却占据了这本书很大篇幅，并让我们费了不少神。

所以，否定生命意义的人与贬低生命意义的人这两个概念本身就存在夸大的地方。其正确地指出，对生命来说，意义一词的某些含义实际上空洞无物。生命对我们来说十分重要，我们也很重视这一点，就这方面来说，生命是可以有意义的。

未经审视的人生

所以我认为，我们可以对那些否认生命有意义的人做出回应，同时又接受他们的批评中有一些真知灼见这个事实。但还有另外一种怀疑性的回应——虽然生命确实具有某种已给出定义的意义，但将你在世上的时间都花在尝试发现这一意义上却并没有什么意义。

这种观点可以与第8章中享乐主义者的"及时行乐"立场形成对比，"及时行乐"是生命意义简单且相当明显的解释。但我们现在考虑的可能性是：生命的意义不是明显的或一眼就能看穿的，而是看不透的。我们永远不能寄希望于在生命的意义上达成共识，或者得到任何最终答案。确实，可能根本就不存在最终答案。谁知道呢？因此最佳策略就是好好生活，不再去操心生命的意义到底是什么。

许多被哲学沉思吸引的人觉得这种反应让人讨厌。他们很可能会引用苏格拉底耳熟能详的话来回应:"未经审视的人生是不值得过的。"我们是智人,也是能思考的人,是能提出问题并进行理性思考的人。如果我们没有通过"经过审视的人生"来好好使用这些能力,那么我们作为人类的存在是不完整的。

有一个观点需要马上澄清:不能假设只能通过哲学思考来过"经过审视的人生"。苏格拉底在评论未经审视的人生时说:"每天讨论美德,以及那些你听说的关于我审视自己和他人的事情,这是人生中最大的好事。"这句话讲得很清楚,苏格拉底是在赞美所有形式的理性探究。就此意义来说,有许多种方式可以用来审视生命,例如文学、科学、历史,或只是讨论日常的人和事,所以即使我们真的把苏格拉底那句老话拿出来,也不能证明我们都应该变成某种哲学家。

不过,很多人仍然认为我们得进行某种形式的哲学反省,以便让自己的生命有价值。我对这样的回应是怀疑的,这种回应有一种理性的傲慢,可能也暴露了这种人想象力的缺乏。人们都倾向于过度强调自己最感兴趣的事情的重要性,比如缩写为 ENO 的英国国家歌剧院曾经有一个广告,其口号用的就是这个缩写:人人都需要歌剧(Everyone Needs Opera)。有趣之处不在于这句口号显然不符合事实,而在于这句话显然是被设计来吸引歌剧爱好者的,而且在这个群体中,也不时会听到有人表达相同的意见。这让我想起了威利·罗素编剧的电影《凡夫俗女》中的一个角色大声说的话:"如果没有马勒,你会马上死掉吗?"实际上确实不会,但作为一个狂热的乐迷,她不禁想到,马勒是其完整人生中不可缺少的部分。

这种特意为我们感兴趣的事物所做的辩护相当常见。大家都发现，人们的兴趣很难仅仅停在"我觉得这个真的很有意思"或"这是让人生对我有价值的原因之一"这种程度。他们通常也会说"每个人都至少应当知道或体验一下……"。但除非我们变成"全职"的业余爱好者，每周都去试试，不然不可能我们的所有说法都是对的。

当然，在这一点上，一般支持苏格拉底"审视自己的人生"劝告的人会坚持认为哲学是特例，因为哲学是所有学问的基础，是所有学科的基础。所以的确有良好的理由认为，与历史、诗歌、核物理或瑜伽相比，每个人都应该更关注哲学。我发现确实很难反对这一点，不过这并不能够阻止我尝试。我确实觉得有几个理由可以说明，以严谨的哲学方法去寻找人生的意义并不是必要的。

大多数人自己从未想明白有关人生意义的自洽观点。大多数人能做的只是找到某种座右铭、某种经验法则来帮助自己一天天地活下去，比如"让自己活，也让别人活""只为今天而活""种瓜得瓜，种豆得豆""实话实说"，或"别让那些混蛋打倒你"。另外，大部分超越这个问题，拥有更全面世界观的人会止步于一些肯定为假的观点。例如，一些人拥抱基督教思想，而另一些人则选择印度教。两种宗教信仰不可能同时为真，因为其中一种宗教的中心主张是一神论，另一种宗教的中心主张则是多神论。轮回说在印度教中占据重要地位，却与基督教的主张矛盾。因此双方都认为自己的信仰最终会为生命提供意义，但至少其中一方或者二者都是错的（宗教实际上无法在此时此刻让生命有意义）。

因此，如果我们确实在寻找并且找到了人生的某种意义，那么这是很重要的，因为这似乎表明绝大多数人的人生都不怎么值得过。我知道有些人已经做好了心理准备，要将全人类视为基本上没脑子的兽群，只有少数高贵的超人能脱颖而出。不过我无法认同这一点。以这种方式去贬低绝大多数人在我看来只是傲慢而已。进一步说，正如我们看到的，这种未经审视的生命可以，也确实包含许多让人生怎么样都值得一过的成分。

某些人可能会说，只是追求意义就够了，就算最后得到的答案是错的也没关系。这个观点拯救了基督教徒与印度教徒，虽然他们可能弄错了答案，但至少他们审视了自己的人生。然而，要将追寻的过程与追寻的目标区分开却肯定不容易。如果追寻的过程就能代表一切，那么所有人都朝错误的方向追寻人生意义岂不是比一半人找到意义，另一半人根本没寻找意义要更好。但如果情况是这样，就会破坏我们原本要寻找的事物本身的重要性。对意义的追寻之所以重要，似乎是意义本身很重要。将追寻的目标与追寻的过程分离，过程本身就失去了存在的意义。

因此，如果我们认为对意义的追寻是一种道德上的强制要求，是某种每个人都必须去做，以便让生命有价值的事，那么我们似乎会被迫得出多数人的人生都没有价值这个结论，因为人们要么没有参与追寻意义这件事,要么最后得到了错误的结论。这并未证明这种道德上的强制要求错在何处,但确实让我们看到它有多么令人无法接受。

幸运的是,关于未经审视或弄错方向的人生如何能有意义的答案其实没什么神秘的。在这本书里,我们已经看到许多可以让人生有意义的事。整体的观点是:只要生命本身是一件好事,人生就值得一过。这样的人生具备某种意义,因为它对我们来说具有某种重要性,对拥有这样人生的人来说很宝贵。许多事情都能够促成这样的人生:快乐、真实感和自我表达,社会关系与私人关系以及对他人福祉的关怀。就算你不需要用哲学思维去系统地审视自己的人生,这一切还是可以成为你人生的一部分。因此,就算从来都没有思考过人生意义之类的事情,你也还是很有可能让自己的人生充实而有意义。

有些人可能会进一步指出,在意义方面思考太多,可能会阻碍人们去创造有意义的人生。日子还得过下去,如果徒然地试图搞清楚"一切究竟是怎么回事",那么生活就过不下去了。一句似乎抓住了这一观点核心的广告词是"想做就做"。我认为这么讲扯远了。我们大多数人不可避免地会思考人生到底是怎么一回事,并且我认为对此事进行彻底的思考能帮助我们找出思考人生的错误方式,以及更有效的方式,就算没有最终答案也没有关系。我就是希望阅读此书可以帮助大家做到这一点。我不赞同我们应该完全停止思考生命的意义,但我的确认为我们能思考的就这么多,而且,我也认同,对那些没有探究冲动的人来说，就算没有这样的疑问，他们的人生也可以过得有意义。

对于那些仍在尽可能审视人生的人，他们应该考虑一下生孩子这件事。很少有什么事对人生产生的影响会比建立家庭产生的影响大。但有多少人是在彻底考虑过每种选择之后，才清楚而确定地得出结论，认为生小孩对父母双方都是正确的？我认为在大部分情况下，人们都不是在以苏格拉底式的审视为基础深入探究人生的本质与目的之后，才做出这种最重要的人生选择的。无论我们对思考人生意义及掌控命运的必要性持何种看法，生不生孩子仍出于某些我们自己都说不清楚的理由。

我们还是可以说，这一切只代表人类有多么不会反省。不过，我觉得这表明，当涉及重大选择时，很多可能完全改变我们人生的选择很快就决定下来了，而其并没有被充分审视。如果我们认为可以分析人生到底是怎么回事，然后据此采取行动，这样就可以在某种程度上好好规划自己的人生，那么我们是在自欺欺人。这可能是主张我们应该忘记人生的意义，直接过日子的人模糊感知到的事实。虽然他们的结论过于极端，但他们的论证是立足在深入的见解之上的，这些见解戳穿了认为人生可以，也应当根据对人生意义完整而周密的计划来进行安排的那些人的谎言。

我可能犯了一个错，因为我好像故意在这里唱反调，过度夸大我的情况。如果真是如此，那么这么做也是为了改变我在其他状况下可能给人留下的印象，即我的研究主题——哲学，也应该成为你的研究主题。我的确认为对大多数人来说，一定程度的哲学思考是无法避免的。无论我们是否认识到自己的思考属于哲学的范畴，我们都会进行这种思考。每一次我们思考怎样做才正确，真理是什么，生而为人有什么意义时，我们都是在进行哲学思考。因此，对绝大多数人来说，哲学确实是我们人生的一部分，确实帮助我们审视了人生，也确实使我们对人生的意义有了更清晰的观念。如果我之前对此轻描淡写，唯一的原因是：我不认为可以由此推断出每个人都应当多读读哲学（虽然多读一点儿哲学是有好处的），或者都应该加入某个哲学讨论群体（有时候不过是一些固执己见的空谈者在聊天）。我相信作为人类社会的一分子，多谈论哲学问题对整个社会来说是有好处的，但我不认为我们需要更多哲学家。如果你花很多时间与这些人相处，你也会认同我的观点。

11

理性对此一无所知

> 完全由理智驱使的人是会迷失的：理智奴役一切头脑不坚强的人，使他们无法控制理智。
>
> ——萧伯纳《人与超人》

我到目前为止说的内容都可以被归纳为理性主义和人本主义的观点。说其是理性主义的观点，是因为经过理性推论得出的结论在引导它，而不是直觉、启示、权威或迷信。说其是人本主义的观点，是因为其主张人类的生命应包含自身价值的源头与尺度。

这种理性主义兼人本主义的研究方法让许多人都觉得不满意。一方面，这种方法可能显得傲慢，因为其将太多研究空间给了人类的选择与欲望，却没有认识到，人类的标准与价值才是重点。另一方面，这种研究方法似乎显得太小气，显然没顾及人类生命中不理性的一面。如果我们想要完全拥抱生命，有时候就必须抛弃理性。许多情歌的主角都被形容成傻瓜，这一定不是巧合。法国哲学家布莱士·帕斯卡写过："心灵有其道理，而理性对此一无所知。"

虽然这些批评源自合理的思考，但却被放错了位置。其将人本主义者看成一群死板的、毫无感情的理性主义者，对人生感性的一面或人类理解的极限毫无感知。我希望人们能够看到，实际上理性的人本主义也可以进行适当调整，使其更易觉察感性、道德性和神秘性的事物。

有意义的邪恶

先思考一下下面这个评论：人类生命中内在的标准和尺度永远不足以赋予其价值和意义。关于这种一般反论的例子可以看看英国哲学家约翰·科廷汉在其著作《论人生的意义》(On the Meaning of Life)中的阐述。科廷汉论证，我们不能将生命的道德问题与意义问题分开，而且道德尺度（同时还有意义尺度）如果是真实的话，那么其必须来自某个根植于纯粹人类利益之外的"包容一切的构架或理论"。否则，他担心，"无论这种人生的道德地位如何，主体在其中系统地努力达成某些个人规划的人生"都将是有意义的。

这个评论呼应了对萨特式"真实性"观念的普遍反对。反对者说，像萨特一样的存在主义者认为，我们必须为自己创造意义和目的，但他们对于哪种选择在道德上是可以接受的却没有提供任何指引。比如，某个人可能凭借加入德国纳粹的盖世太保组织找到他人生的意义与目的，但我们能说这种专门迫害他人的人生有意义吗？

虽然我在本书中曾引用过萨特的观点，但我并没有声称真实是能够让生命有意义的唯一甚至是最重要的美德。（而且我也不相信萨特会这么认为）。不过，根据科廷汉的理念，或许可以做出如下解释：我的看法建立在由我们自己决定的是什么让人觉得人生值得活下去的基础之上，这实际上以同样的方式把道德观与真正的标准分割开了。这样说的理由在于：我（简单来说）将有意义的人生定义为"对我们"有意义或者有价值的人生，而总有人会选择一种"对自己"有意义但却完全不道德的人生。

对这个说法有两种可能的回应。第一种回应是，有意义的人生必须是有道德的人生，这样的说法对吗？我们可以立即否定这个观念。为什么不干脆说意义与道德是分开的呢？这并不意味着对那些过着有意义但没有道德的人生的人来说，意义与道德是可以分开的，因为如果道德与意义分离，"过有意义的人生"本身就没什么好坏之分了。我们习惯把生命中的意义和道德当成互相关联的两个部分，如果说盖世太保军官可以过着有意义却不道德的人生，那么这听起来会很奇怪。但这样做并不矛盾，在道德上也没有任何问题。

第二种回应是，这种说法破坏了"有意义的人生"这个概念，我们必须接受意义和道德是相互关联的。以我的立场来说，这个回应也是可以调整的。我曾论证过，有意义的人生必须对我们具有价值，但如果有意义的人生必须合乎道德也是事实，那么我们要做的是将其作为有意义的人生的一个条件。从表面上看，对一个人来说，要想过有价值的人生，人生有意义是一个必要条件，但它本身并非充分条件。有意义的人生同时也要是有道德的人生。所以有意义的人生的必要与充分条件对某个当事者来说存在价值，并且其在道德上是好的。

我们到底选择第一条路还是第二条路并不是很重要。重要的是：我们是否认为人生中的意义和道德可以分开。如果我们认为可以，就应当选择第一条路，并且没有任何理由认为有意义而不道德的人生一无是处。如果我们认为两者不能分离，就应当选择第二条路，并且认为不道德的人生对当事者来说虽然似乎有着某种价值，但仍然没有意义。

可能会有人反驳，第二条路只是通过加上一个附加条件来回避反驳，即有意义的人生必须合乎道德，这对我的立场来说不是必要的，而只是为了解决棘手问题而嫁接上去的条件。我认为我可以驳回这种指责，因为道德观确实在我的论证中占有重要地位。我曾经论证，唯一能让生命有意义的事就是承认生命本身是值得一过的。承认这一点就是承认这对全人类（或许还包括某些动物）来说为真。这意味着主张每个人都有相同的权利接受生命中的美好事物，而让人们的生活品质低于必要水平在道德上是错误的。

此外，到目前为止，我对想象中的批评者都太客气了点儿，因为我之前过度强调对意义的评估完全是个人的事。实际上，我的陈述中一直不变的观点是生命本身必须有价值，而且必须是对经历某一人生的人来说有价值。但那不一定表示唯一能够评价价值的人就是正在过那种有价值的人生的人。这就是为什么我之前说"未经检验的人生也值得过"具有可能性。这与我曾经提出的"我们可能对自己人生的意义或价值存在误解或一无所知"的说法是完全不矛盾的。所以，某人认为自己的人生有意义并不一定能推导出他的人生确实有意义。

我的论证是否为道德提供了必要的空间，对这个观点是赞成还是反对还有很大的讨论空间。但我希望表明，我之前为之辩护的立场并不表示我们不能够批评那些选择违背道德，过不道德的人生的人。我并没有论证个人的选择是不是最后的决定因素。认为人本主义将个体作为万物不容置疑的标准只是在丑化人本主义哲学。

保持神秘

某些人反对我提出的那种人本主义观点，他们再次对"傲慢"进行了攻击。这一次他们认为我这种"去神秘化"的观点太过离经叛道。我尝试做的是将一切都放入人类的理性范畴，并且拒绝任何在程度上超出理性范畴的事物。但我应该做的是，接受人生中有太多事情并非区区人类能理解，要过有意义的人生，我们就必须习惯现实世界中存在神秘而无法解释的东西。

在某种程度上，这种反驳只是对那些不喜欢"人生意义的神秘能被破解，而且在某种意义上平淡无奇"这个观点的人的一种回应。可以抱怨我的论证没给神秘留下任何神秘之处，但如果真的没留下任何神秘之处，也许我们应该得出的正确结论就是：根本没有什么神秘之处等待破解。

但如果说我的论证完全没有为神秘留下任何空间，那也是不对的。理由之一就是，我为之辩护的观点在本质上不是教条式的。比如，我并没有说一定不会出现超验领域，我论证的只是，说超验领域存在缺乏好的理由，要相信超验领域的存在就必须拿信仰冒险。我也没有拒绝承认，某些关于人生的宗教形式或许能够为人提供人生价值。我只是论证，基于我认为对其他人同样成立的理由，我可以合理地拒绝这样的人生。

最重要的是，我提出的论述更像是一个框架，而不是预先的规定。当要在框架中填入细节时，有大量神秘因素可以取悦那些不喜欢人生太过清晰的人。这种神秘因素的主要来源不是某种超验显示，而是人性本身。事实上，人类太过复杂、令人惊讶，任何讲道理的人都不能说人生不存在神秘之处。

在实际意义上为自己构建一个有意义的人生，要求我们直面这本书中没有解释的所有谜题。这些谜题包括是什么驱使我们前进？我们所发现的哪些事物对自己最重要？我们对自己过去从未知晓的欲望有何了解？怎么去做原本以为永远做不到的事情？直面没有神秘和意外的未来是没有危险的，因为生命总会在意想不到的时候出现转折，而我们往往对自己来说也是神秘的。

还存在另外一种关于神秘之处的论调，我认为这种论调很有价值，但如果我们过于重视必须要做什么才能为自己找到意义，就很容易忽略它。这就是在宗教中被称为感谢或感恩的情感。这不仅是说，我们还活着是一种幸运（如果我们确实还幸运地活着），而且也是说，这一事实应该归功于别的东西，而非自己。宗教性的生活形式将这对这一事实的赞赏仪式化了，使之成了每天祈祷或就餐前的默默祷告。不相信这种感激之情应该由任何神控制的人，没有同样的动机规律地冥想他们存在的偶然性，以及他们的存在是如何依赖那些超出个人控制的力量的。

不需要信仰神，人们也能对活着充满感恩，接受我们无法决定人生中的每件事。我相信两种思维方式都极具价值。这些观点提倡对生命进行适当感激，同时不要忘了谦卑。如果我们随时提醒自己，能够享用现在所吃的食物，拥有目前的朋友，拥有真正血脉相连的亲人是非常幸运的，那么这能够使我们拥有感恩生命的观点。某些人的宗教教义中已经包含了对人生感恩，这是让无信仰者也能从中有所收获的好事。

不过，这与一般人谈到尊重神秘事物时似乎会想到的那种珍贵而模糊的概念很不同。许多人在想到神秘事物时，往往都有一个模糊的概念，即肯定存在神或者来世，他们自己只不过是会死去的凡人，而道德是客观现实而非人类世界的一部分。我认为，保护这种神秘事物的冲动通常是由某种恐惧激发的，即如果我们不依靠神、来世、灵魂或我们自身能掌握的价值观，那么在这个可能只有一次的人生中，我们就必须为自己做的事情负责。

如果我们有这种恐惧，就必须去面对并打败它，因为无论是否有来世，此生本身就有价值，此生也是我们唯一能改变的人生。而且，我们无可避免地必须亲自弄明白此生的价值是什么。但是这么做并不会让我们成为神，因为我们的选择可能很好也可能很差。比如，大多数人认为，只有快乐和世俗意义上的成功才能让自己的人生充实，这是错的。因此，面对选择时我们要更加谨慎，因为我们既有可能成功也有可能失败。

你只需要爱？

承认人类生命及其中的一切都是脆弱的，以及悲剧随时可能发生，对于理解爱在有意义的人生中扮演的角色很重要。各种形式的爱显然对人类来说都极为重要，爱也是让存在变得有价值的事物之一。此前我之所以没有过多谈论这一点，是因为在人生中，我们从小说、戏剧、电影以及诗歌中得到的指导，可能比从系统性的哲学学习中得到的更多。相对来说，关于爱的伟大哲学作品很少，或许可以很明显地看出，讨论这个主题的许多当代重要的哲学家，例如玛莎·努斯鲍姆和雷蒙德·盖塔，也是通过对文学作品的讨论来进行哲学讨论的。

但爱就像看不见的线索，贯穿了整本书。在每一个例子中，爱都证明了，在可能的范围内了解人生意义的重要性和限制性。

想想那些劝人行善的格言。利他主义不能只依靠纯粹的理性来驱动，理性本身并不能导向为人类或其他事物服务的善。休谟在写"宁愿让世界毁灭,也不愿我的手指上多任何一道抓痕,这并不违反理性"时就是这个意思。行善的欲望并非根植于理性,而在于爱的多样性:对伴侣的爱、对家庭的爱、一种普遍意义上的爱,或对他人的感情,等等。没有这种爱,全世界合理的理由加起来都不能使我们去行善。休谟有一句令人印象深刻的话:"理性只是激情的奴隶。"休谟是许多理性主义者心中的哲学英雄。但将理性置于情感之上也不能做得太过。

这也解释了,为什么服务全人类的欲望是不恰当的。物种是抽象的,物种并非我们付出的爱的恰当接受者,我们应该将爱留给能够做出反应的、有情感的生物。

对我们追求快乐的欲望来说,爱有启发的作用。对爱以及幸福的欲望是相互关联的,但对真正爱的人,不能将爱简化成对幸福的追求。爱是苦乐参半的。真正的爱,无论其是浪漫的爱、家庭的爱或柏拉图式的爱,都会在不幸福中持续下去,而且被爱者而非施爱者的福祉会被当作主题。因此,爱反映了幸福在有意义的人生中占有重要地位,但也反映了把幸福视为一切是肤浅的。

我们希望以真实的自己去爱和被爱,这显示出我们赋予真实性的价值。与此同时,这样做所要求的开放性可能极具威胁,让我们觉得自己毫无防备,因此很容易自我欺骗,不愿意面对关于自己或他人,会让爱更加困难,甚至威胁到爱的真相。活得真实是非常困难的,这一点在我们与他人的亲密关系之中表现得再明显不过了。

思考爱的成功也能够使我们思考成功的本质是什么。一段关系的成功绝对不是因为实现了某种其追求的结果。爱中的成功是永远正在进行的,其永远处于不稳定的状态。就这方面来说,爱完全体现了我之前论证的那种对有意义的人生有帮助的真正的成功。

爱有时也要求我们把握当下。因为爱很宝贵,找到爱的机会比较少。如果让真爱从身边溜走,或迟迟不与仍有强烈感情但已经疏远的朋友或家人和解,我们就是傻瓜。当然,这种推论在安德鲁·马维尔玄学派意味深长的诗句中,酒吧和俱乐部里笨拙的搭讪台词中都被当作一种引诱的技巧。但这种说法之所以有效,只因为它反映了我们心中萦绕的事实:太过小心,爱就会与我们失之交臂。

未经检验的人生为何值得活下去?其中一个理由是:人生可能充满了爱。你不需要进行哲学反省就能获得强烈的情感依附。世界上著名的摇滚乐队"死伤者"的成员奥齐·奥斯本承认自己不是哲学家。他以自己具有标志性特色的坦率话语说道:"我因做非常疯狂的破事而出名,毫无疑问,我是个该死的疯子。"但他的妻子莎伦("长期受难的妻子"一词简直就是为这个女人发明的)给了他理由去对抗他心中的魔鬼和毒瘾,并鼓励他继续活下去。他说:"我爱这个女人胜过爱世上的一切,没有她我就活不下去。"

哲学最适合检验在我们控制范围内的理性、进行仔细分析后选择的对象。你可以说爱是理性的,但其也不是完全受理性驱使的。爱并非完全在我们的控制之外，但也不会完全受我们驱使。我们给予爱的时候，还能在某种程度上选择要做什么，但我们无法选择去爱什么或爱谁。而对爱的最佳描述不是思辨式的哲学语言，而是文学和诗歌。

那么，说爱证明理性主义与人本主义的方法有误就大错特错了。爱表明人类的力量在理解或掌控生命时是有限的，任何恰当的人本主义对存在意义的论证都必须接受这一点。但爱也显示了人本主义主张的某些深刻的观点。爱并不是不朽或所向披靡的。令人难过的是，你只需要爱这个说法不为真。爱就像生命一样很有价值，但又脆弱而缺乏保障，爱是强烈的欢喜的源头，同时也充满了风险与失望。

人本主义者将此生视为唯一能提供意义的来源，他们接受这一切，就像接受缺乏超验支持的道德主张以及神秘事物的存在那样，而无须将其视为神圣的代名词。相比之下，超验主义者希望人生中有价值的事物都有更高的秩序为其提供支持。爱还不够好，除非其能够征服一切，甚至是死亡。如果道德只根植于人类的生命之中，道德就不算道德。如果神秘事物只反映人类理解的极限，那么神秘事物的存在就是无法被接受的。超验主义者想要得到更多东西是可以理解的，但我认为，人本主义者拒绝屈服，这表示他们有能力面对并接受人类理解的极限，最终他们也能面对和接受人类存在的极限。

结论

好吧,这就是电影的结尾。现在,这就是人生的意义。(一个信封递给她。她以一种有条不紊的方式打开它。)谢谢你,布丽奇特,(她读着)……好吧,它没什么特别的。试试善待人们,别吃肥肉,经常读读好书,出去散散步,尝试与来自不同国家和拥有不同信仰的人和睦相处。

巨蟒剧团的生命意义

人生的意义可能不像巨蟒剧团的电影结尾说的那么简单，但如果我提出的论证是正确的，那么即使电影表达的不准确，却也不算跑题。我在引言中讲过，本书不是要揭露什么大秘密，而是对人生意义的一个简要论证，把模糊且神秘的人生意义问题简化为一系列更明确且不再神秘的问题，让问题变得和"究竟是什么让人生有目的与价值？"有关。了解人生的意义并不需要超乎寻常的智慧。

就像巨蟒剧团的电影给出的结论一样，在某种意义上，我说的内容并"没有什么特别之处"，但不应该因为结论简洁而低估其重要性。人生的意义是可以通过追寻找到的，而且可能每个人都会找到。但这对神职人员、宗教大师以及学校教师这些自诩为人生意义守护者的人来说，却构成了重大挑战，这些人想让我们认为，人生的意义是凡夫俗子无法掌握的。挑战这个观点，就是挑战他们打算借由某种特殊知识来将他们的思维强加于我们的企图。本书的论证是民主的、平等的，因为这个论证将发现的权利和责任还给了我们，而且在一定程度上让我们自行决定意义。

简单的结论也是具有欺骗性的,因为简单的事物不一定总是容易的或者明显的。可以说,人生本身可以有价值,尤其是在生命中的真实、快乐以及对他人的关怀都取得平衡,也没有虚度光阴,持续努力成为自己想成为的人,并在这些条件下取得成功时。但将一切都付诸行动是很困难的。的确,当我们回顾之前的成功时,我们也发现了随之而来的风险,即我们会为自己设定一个高得不切实际的目标,然后对自己的人生不满意。此时,一个显而易见的真理是:人生需要持续奋斗。人能够了解有意义的人生包含哪些因素,但这些因素并不能直接变成让人心满意足的药方。

写完本书后,我之所以觉得有些不安,部分原因就在这里。当作家写完一本书时,会点击鼠标存档,关闭最终确定的版本。但对人生意义这样的问题,一个人要如何做才能确定自己已经把该讲的都讲到了,或者把该谈的都谈到了?就像那些在罗马只过了一个周末,就说他们已经逛够了罗马这个永恒之城的游客一样。写这本书,然后得出结论——我已经讲完了人生的意义,这么说似乎会让人怀疑。

在这种不安的源头,有一个非常明显的真理,那就是:这个问题没有最终的答案。本书详细地介绍了能够弄清楚人生意义这个问题的各种哲学式思考。这本书在某些方面看起来雄心勃勃,但在某些方面看起来又很谦虚谨慎。这留给我们一种可以修改的临时框架,但更重要的是,将其落实的方法远比任何人能想象的更多。除了这些细节，在尝试过有意义的人生时，我们关注的不应该只是哲学家，还应该有心理学家、小说家、艺术家与诗人。哲学可以做出重要的贡献，但要让人生过得有意义，我们不能只做个哲学家。大卫·休谟说过："做个哲学家吧。但在你全部的哲学之中，还是要做一个人。"

为什么没有书能给出关于人生意义的终极结论，一个更有说服力的理由是：我们每个人都不一样，而且当我们开始过自己独特的人生时，我们必须做许多只有自己才能做的决定。在对友谊、食物、欢愉、幸福、成功等方面的需求上，我们跟其他人一样，但每个人的需求程度是不同的。比如，有些人几乎无法忍受独处一个小时，而有些人则喜欢独处。有些人乐于寻求刺激，有些人则喜欢过更平静的生活，因为他们觉得刺激会扰乱人心。有些人喜欢过精神需求为上的生活，有些人活着就是为了感受舞曲的律动和节拍，还有些人对这两者的需求都很强烈。鉴于此，任何"人生意义指南"都不可能是完整的指导手册，而只能给出一个框架，让每个人都能够以其为蓝本，构建属于自己的有价值的人生。

但这样做意味着要面对生命的脆弱、不可预测和偶然，同时还要尽力做到最好。这应该是希望而非绝望的来源。如果生命的意义不是一个谜团，如果过有意义的人生是我们力所能及的，那么我们的确不需要绝望地问："人生到底是什么？"我们可以环顾四周，找到使人生有意义的许多方法。我们明白幸福具有重要价值，同时又坦然接受幸福不是一切，这么做会让我们更容易地接受快乐与悲伤。我们要学会欣赏生命的乐趣，而不至于变成欲望的奴隶。我们能够看到成功的价值，但不要给成功下一个狭隘的定义。除了那些明显的成功的象征，我们还能够欣赏自我的人生规划。我们明白把握时间的价值，却不用拼命争抢无法抓住的时刻。我们可以体会帮助他人过有意义的人生的快乐，而不会觉得利他主义就是要索取我们的一切。最后，我们能够认识到爱的价值，爱可能是使我们去做任何事情的最强大动因。

参考文献

引言

You can also learn much which is true and wise in Douglas Adams's *Hitch Hiker's Guide to the Galaxy* books (Pan).

1 寻找蓝图

For more – but not too much more – on why the traditional arguments for the existence of God fail, see the philosophy of religion chapter in my *Philosophy: Key Themes* (Palgrave Macmillan). An even brisker run through them is in my *Atheism: A Very Short Introduction* (Oxford University Press).

Two useful web resources used were the *Online Etymology Dictionary* www.etymonline.com and the PBS's history of the Big Bang for beginners www.pbs.org/deepspace/timeline.

Mary Shelley's *Frankenstein* is available in many editions, including the one I used from Oxford University Press.

Aristotle's discussion of causation comes in his *Metaphysics* (Penguin).

The Bertrand Russell quotes are from his *Sceptical Essays* (Routledge).

I refer to and strongly recommend Richard Dawkins's *The Selfish Gene* (Oxford University Press) in order to properly understand evolution.

Three key existentialist texts that are the source of several references are *The Will to Power* by Friedrich Nietzsche (Penguin), *Existentialism and Humanism* by Jean-Paul Sartre (Methuen) and *The Myth of Sisyphus* by Albert Camus (Penguin).

The Daniel Dennett quote is from an interview at http://www.pbs.org/saf/1103/hotline/hdennett.htm.

Eugene Cernan's quote comes from the *Observer* Magazine, 16 June 2002.

The genetic fallacy was first described by Morris R. Cohen and Ernest Nagel in *An Introduction to Logic and Scientific Method* (Simon Paperbacks).

2 生活的未来

The Hobbes references are from his *Leviathan* (Penguin).

Aristotle's *Nicomachean Ethics*, better known as simply *Ethics* (Penguin), is still a remarkable source of insight into how to live well.

Peter Singer's *How are We to Live?* (Oxford University Press) is well worth a read. The anecdote about the Dallas Cowboys coach he mentions comes from Alfie Kohn's *No Contest* (Houghton Mifflin).

Kierkegaard's various spheres or stages of existence are discussed in the interminable *Either/Or* (Penguin) and the more manageable *Stages on Life's Way* (Princeton University Press), while he discusses the religious motivation for his thought in *The Point of View* (Princeton University Press).

Hegel's dialectical method is described in *The Phenomenology of Spirit* (Oxford University Press). Again, this is a large and difficult work, so you might prefer Peter Singer's primer *Hegel: A Very Short Introduction* (Oxford University Press).

Philip Larkin's 'Next, Please' is in his *Collected Poems* (Faber).

The Marcus Aurelius quote comes from his *Meditations* (Penguin).

Oliver James's *Britain on the Couch* (Century) will crop up again in Chapter

6.

Although the business card incident in the film *American Psycho* doesn't appear exactly as described in the source novel, Bret Easton Ellis's vicious satire (Picador) covers the same theme brilliantly, if you can cope with some truly appalling sadistic violence.

Sartre discusses bad faith in *Being and Nothingness* (Routledge). It's a long and difficult book, and a better introduction to Sartre's thought might be *Jean-Paul Sartre: Basic Writings*, ed. Stephen Priest (Routledge). This volume includes *Existentialism and Humanism*, mentioned in Chapter 1.

Hope Edelman is quoted from *The Bitch in the House: 26 Women Tell the Truth About Sex, Solitude, Work, Motherhood and Marriage*, ed. Cathi Hanauer (Viking). It came to my attention via Joan Smith's review in the *Observer*, 23 March 2003.

3 天地之间不止万物

The Lukas Moodysson interview was in the *Observer*, 13 April 2003.

The Bertrand Russell quote is from *Why I am Not a Christian* (Routledge) and is a good example of a book that will please atheists but won't persuade the religious.

Spinoza's pantheistic philosophy is spelled out in his *Ethics* (Hackett).

Kierkegaard's *Fear and Trembling* (Penguin) is a classic study of faith, of interest to everyone.

Space would not allow me to say more about the philosophy of personal identity, which was the topic of my own PhD. I strongly recommend *Personal Identity*, ed. John Perry (University of California Press) and *I: The Philosophy and Psychology of Personal Identity* by Jonathan Glover (Penguin) for anyone interested in the topic.

Albert Camus's contribution to this chapter comes from *The Plague*

(Penguin), while Sartre we've met in previous chapters.

Bernard Williams's 'The Makropulos Case' is in *Problems of the Self* (Cambridge University Press).

4　帮助他人

The Norwegian couple and the Jewish child are discussed in Philippa Foot's perceptive *Natural Goodness* (Oxford University Press), which is one of those books you can learn a lot from even when you disagree with it, as I do.

The examples of phrases used in volunteer advertisements all came from page 41 of *The Big Issue*, 9–15 June 2003, one of the most important places for volunteer ads in London.

The core text for Kant's moral philosophy is *The Groundwork of the Metaphysics of Morals* (Cambridge University Press), the ideas of which are taken further in the inventively named sequel, *The Metaphysics of Morals* (Cambridge University Press).

The Bertrand Russell quote comes from his *The Problems of Philosophy* (Oxford University Press).

The happiness survey was conducted by Mintel and quoted in the *Observer* magazine, 15 June 2003.

Diderot's line about the solitary is in his play *The Natural Son*. It is chiefly remembered because Rousseau, in his *Confessions* (Wordsworth), cites the line, believing it to be directed against him.

5　为了更伟大的利益

The Margaret Thatcher quote is from an article 'Aids, Education and the Year 2000', in *Woman's Own*, 3 October 1987.

Derek Parfit's *Reasons and Persons* (Oxford University Press) is a classic, and much more interesting than the small section I refer to here suggests.

Richard Dawkins's *The Selfish Gene* (Oxford University Press) was first mentioned in Chapter 1.

Jonathan Glover's *Humanity: A Moral History of the Twentieth Century* (Pimlico) is, among many other things, an instructive warning against placing abstract or ideological goods over human welfare, as is George Orwell's *Animal Farm* (Penguin).

David Cooper argues that raw humanism is unliveable in his erudite and wide-ranging *The Measure of Things: Humanism, Humility and Mystery* (Oxford University Press).

6 只要你幸福

Schopenhauer's thoughts on pleasure and happiness are to be found in his *Essays and Aphorisms* (Penguin). Aristotle's discussion of the same themes is in his *Ethics* (Penguin), while those of Epicurus can be found in *The Epicurean Philosophers*, ed. John Gaskin (Everyman), and those of Mill in *Utilitarianism*, collected in *On Liberty and Other Essays* (Oxford University Press).

The Kant quote comes from *The Groundwork of the Metaphysics of Morals* (Cambridge University Press).

Jane Goodall's *In the Shadow of Man* (Weidenfeld & Nicolson) gives a fascinating account of her life with chimpanzees.

For a challenge to the ratiocentric bias of modern western philosophy, see John Cottingham's excellent *Philosophy and the Good Life* (Cambridge University Press).

Robert Nozick's famous experience machine thought experiment is in

Robert Nozick's famous experience machine thought experiment is in *Anarchy, State and Utopia* (Blackwell).

Aldous Huxley's *Brave New World* is published by Flamingo.

Oliver James confronts the question of why we are getting richer but no happier in *Britain on the Couch* (Century).

The George Bernard Shaw quote comes from *Man and Superman* (Penguin).

An excellent account of the Stoic philosophers and much more besides is to be found in Anthony Gottlieb's *The Dream of Reason: A History of Philosophy from the Greeks to the Renaissance* (Penguin).

The trial of Socrates is described in Plato's *Apology*, anthologized in *The Last Days of Socrates* (Penguin).

7 成为奋斗者

Sartre's *Existentialism and Humanism* crops up again (see Chapter 2).

The text of Chekhov's *The Seagull* I used is at the *Online Library and Digital Archive* at http://ibiblio.org.

Gilbert Ryle's thoughts on counterfeit coins are in 'Perception', in *Dilemmas* (Cambridge University Press).

Jonathan Rée talks about 'becoming a philosopher' in the introduction to *The Kierkegaard Reader*, ed. Rée and Jane Chamberlain (Blackwell), and also in the introductory notes to 'Johannes Climacus'. Kierkegaard is worth your time and this volume is a good place to start.

For the free will debate, David Hume discusses his compatibilism in *An Enquiry Concerning Human Understanding* (Oxford University Press) and A. J. Ayer takes up the baton in the twentieth century in his *Philosophical Essays* (Macmillan). Kant talks about the necessity of postulating free will in his *Groundwork of the Metaphysics of Morals* (Cambridge University

Press). Ted Honderich rejects compatibilism in his accessible but original *How Free are You?* (Oxford University Press). If you want to get up to date with the latest, often complicated, thinking on the subject, *Free Will*, ed. Robert Kane (Blackwell), contains plenty of challenging homework.

The Epicurean Philosophers, ed. John Gaskin (Everyman), requires another mention.

8 及时行乐，活在当下

Horace seizes the day in his *Complete Odes and Epodes* (Oxford University Press).

The Kate Bush song 'Moments of Pleasure' is from *The Red Shoes* (EMI) and the Rush ditty 'Time Stand Still' from *Hold Your Fire* (Vertigo).

Kierkegaard's *Stages on Life's Way* (Princeton University Press) and *Either/Or* (Penguin) are again important sources here.

Hannay's discussion of Kierkegaard is in his *Kierkegaard* (Routledge).

The idea of the systematic elusiveness of 'now' is a corruption of Gilbert Ryle's systematic elusiveness of 'I' in *The Concept of Mind* (Penguin).

Galen Strawson's paper 'The Self' is collected in *Personal Identity*, ed. by Raymond Martin and John Barresi (Penguin). Another paper more specifically about episodics and diachronics, probably to be called 'Against Narrativity', will be published in 2005 in *The Self*, ed. Strawson (Blackwell).

Dorothy Parker's poem 'The Flaw in Paganism' is in *The Best of Dorothy Parker* (Duckworth).

Plato talks about pleasure in *Philebus* (Penguin), while Aristotle's *Ethics* (Penguin) again merits attention.

If you don't know the Sartre source now, you never will.

The Colin Farrell quote comes from the *Toronto Star*, 5 April 2003.

Are You Experienced? by William Sutcliffe is published by Penguin.

9　释放自我

Descartes thought he was in his *Discourse on Method*, available in one volume with his *Meditations* (Penguin).

Hume's 'bundle theory' of the self is in *A Treatise of Human Nature*, Book One (Oxford University Press).

The Sister Vajira verses are cited in 'No Inner Core – Anattá' by Sayadaw U Silananda, at www.buddhistinformation.com/no_inner_core.htm. A good introduction to Buddhism is *Buddhism: A Very Short Introduction* by Damien Keown (Oxford University Press).

Russell warns of the feverish and confined life at the end of *The Problems of Philosophy* (Oxford University Press).

Nietzsche talks about life-denying 'slave morality' in his classic *On the Genealogy of Morals* (Oxford University Press).

The Madonna quote comes from the *Observer*, 8 June 2003.

Wittgenstein tells us to be silent about what we can't speak about in his *Tractatus Logico-Philosophicus* (Routledge).

David Cooper makes as much sense of the ineffable as is possible in *The Measure of Things* (Oxford University Press).

10　无意义的威胁

Camus talks about the absurd in *The Myth of Sisyphus* (Penguin).

A. J. Ayer's *Language, Truth and Logic* (Penguin) is the classic exposition of his logical positivism, although the quote I cite is from an article, 'Universal Truths', by Paul Davies in the *Guardian*, 23 January 2003.

Logical positivism is now a dead duck, but there are many valuable insights in the ordinary language school of philosophy. See J. L. Austin's *Philosophical Papers* (Clarendon) for some of them.

The 'unexamined life' line comes from Plato's *Apology*, in *The Last Days of Socrates* (Penguin).

Nicholas Rescher calls us *Homo quaerens* in his *Philosophical Reasoning* (Blackwell), which has little to do with the themes of this book but is well worth reading nonetheless.

If it's all getting too heavy, homespun philosophy is always available at the Official Peanuts Website www.unitedmedia.com/comics/peanuts.

11 理性对此一无所知

If you read only one book on what I refer to as rationalist-humanism, make it Richard Norman's *On Humanism* (Routledge).

The Pascal quote is from his *Pensées* (Penguin).

John Cottingham's *On the Meaning of Life* (Routledge) is a kind of preemptive objection to much of this book and is worth reading, especially for those whom I have failed to convince that we don't need to rely on the spiritual for meaning.

David Cooper gives a much deeper analysis of the value of mystery than I do justice to here in his *The Measure of Things* (Oxford University Press).

Hume talks of finger-scratching in his *A Treatise of Human Nature* (Oxford University Press).

Ozzy Osbourne is quoted from an interview by Paul Elliott in *Mojo*, November 2003.

结论

The Hume quote is from *An Enquiry Concerning Human Understanding* (Oxford University Press).

Finally, for all remaining unanswered questions, please refer to *Monty Python's The Meaning of Life*, book of the film (Methuen).